学术研究专著

面向任务成功性的可修系统重要度分析及优化

蔡志强　马晨阳　司书宾　赵江滨　著

西北工業大學出版社

西　安

【内容简介】 本书共由6章组成:第1章阐述任务成功性评估以及基于重要度理论的系统优化问题的研究背景;第2章阐述可修系统任务成功性建模理论;第3~4章针对二态单阶段、二态多阶段、多态单阶段、多态多阶段的可修系统进行任务成功性模型构建;第5章阐述可修系统的任务成功重要度的理论意义和计算方法;第6章阐述可修系统的任务成功性优化模型和基于任务成功重要度的求解算法。

本书可供高等院校可靠性相关专业高年级本科生和研究生借鉴与学习,也可供工程技术人员在具体的工程实践中参考。

图书在版编目(CIP)数据

面向任务成功性的可修系统重要度分析及优化 / 蔡志强等著. --西安:西北工业大学出版社,2024.8.

ISBN 978-7-5612-9427-7

Ⅰ.N945.17

中国国家版本馆CIP数据核字第20248LW493号

MIANXIANG RENWU CHENGGONGXING DE KEXIU XITONG ZHONGYAODU FENXI JI YOUHUA

面向任务成功性的可修系统重要度分析及优化

蔡志强 马晨阳 司书宾 赵江滨 著

责任编辑:朱辰浩　　策划编辑:杨 军

责任校对:曹 江　　装帧设计:高永斌 李 飞

出版发行:西北工业大学出版社

通信地址:西安市友谊西路127号　　邮编:710072

电　　话:(029)88491757,88493844

网　　址:www.nwpup.com

印 刷 者:陕西向阳印务有限公司

开　　本:710 mm×1 000 mm　　1/16

印　　张:9.875

字　　数:193千字

版　　次:2024年8月第1版　　2024年8月第1次印刷

书　　号:ISBN 978-7-5612-9427-7

定　　价:59.00元

前　言

根据国军标 GJB 451A—2005 规定，任务成功性是衡量装备系统在规定的使用条件下能够完成要求的功能任务能力的指标。目前，任务成功性已经成为衡量系统保障能力评估的重要指标，并在飞机、火炮、雷达、舰船等装备系统的维护保障管理过程中得到应用。随着科学技术的发展，系统结构和功能的复杂性更易导致装备系统战备性能下降等问题，甚至引发任务失败或人员伤亡事故。任务成功性指标虽然已广泛应用于装备系统的维修保障能力评估过程中，但仍缺乏描述可修系统任务成功性优化的模型和方法支持。

近年来，重要度理论随着可靠性理论和工程的发展成为了研究热点，并在航空、航天、核能、交通、电力电网等领域的概率安全评估、风险分析及可靠性优化中得到了广泛的应用。重要度是指当系统中单个或多个部件发生故障或状态改变时，其对系统可靠性的影响程度。基于系统任务成功性和重要度理论，研究面向系统任务成功性的重要度分析方法，探索部件可靠性及维修性变化对系统任务成功性的影响规律并给出有效的优化方法，是提高系统任务成功性的基础理论，也是提高系统运行保障能力的关键因素。

本书以面向任务成功性的可修系统为研究对象，分别建立二态和多态的可修系统任务成功性评估模型。二态系统任务成功拟以实际运行时间达到规定运行时间为衡量标准，多态系统任务成功拟以累计运行性能达到规定运行性能为衡量标准。同时，将部件维修性引入系统重要度分析中，突破了传统重要度分析理论仅考虑部件可靠性变化对系统可靠性影响的局限性，提出了从部件可靠性和维修性两个方面综合分析系统任务成功重要度的方法，不仅丰富了系统重要度分析理论体系，也解决了面向任务成功性的可修装备系统瓶颈识别及优化方法问题。

本书内容是中华人民共和国工业和信息化部民机专项、国家自然科学基金重点项目、国家自然科学基金面上项目(结题优秀)、航空科学基金(结题优秀)等项目研究成果的总结与扩展,相关理论与方法已在多种型号装备系统中验证应用,对于提升我国国防领域高端装备系统的保障能力具有重要的科学意义和实用价值。

本书具体分工如下:蔡志强负责统稿并撰写了第1～3章内容,马晨阳撰写了第4章内容,司书宾撰写了第5章内容,赵江滨撰写了第6章内容。

本书介绍的相关研究得到了国家自然科学基金项目(项目编号:71471147、71871181)的资助,书中列举的大部分理论和案例都是上述基金项目的研究成果,在这些项目的支持下,本书得以顺利成稿。

在本书的撰写过程中,笔者得到了西北工业大学孙树栋教授、张映锋教授、朱文金副教授、张帅副研究员等人的指导和大力支持,在此致以衷心的感谢。在本书的资料查阅、收集、整理和编排方面,研究生司伟涛、李洋、郭鹏、李海豹、吴安做出了重要贡献,在此深表感谢。

由于笔者水平有限,恳切希望读者对本书出现的不足之处提出批评指正,笔者将不胜感谢。

著　者

2024年5月

目　录

第1章　绪　　论

1.1　背景及意义

近年来，随着《中国制造2025》的颁布，我国正从制造大国向制造强国转变，涌现出了许多创新性技术(如智能制造、大数据分析、物联网、数字孪生等)，使得实际工程系统更加复杂，组成部件更加精密，装备系统的体系更加庞大，装备系统从设计、制造、维护到报废涉及的学科技术的应用也更加广泛，如运载火箭、潜艇、空间站等。对于现代制造业来说，一套装备系统能否打开市场、能否在竞争激烈的市场大潮中脱颖而出，装备系统的可靠性、任务成功性、战备完好性等各项指标越来越成为人们综合考量的因素。因此，面向此类复杂工程系统，如何构建衡量指标模型并在资源有限的条件下优化该性能指标，对于评估和提升工程系统性能来说至关重要。

可靠性是指系统在规定的条件下和规定的时间内完成规定功能的能力，它是现代工程系统的一项重要性能指标，也是保证大型装备按照要求完成任务的重要因素。随着20世纪90年代国军标《可靠性维修性术语》(GJB 451－1990)的出版，可靠性理论及工程率先在国防工业系统得到推广，尤其在武器装备系统中广泛应用并取得巨大成效。

根据国军标《可靠性维修性保障性术语》(GJB 451A—2005)，任务成功性是衡量装备系统在规定的使用条件下能够完成要求的功能任务能力的指标。作为系统完成规定任务能力的概率度量，任务成功性不仅依存于系统可靠性，还与系统维修性有着密切的关联。目前，任务成功性已经成为衡量系统保障能力评估的重要指标，并在火炮、雷达、无人机、舰船等武器装备的维护保障管理过程中推广应用。近年来，随着科学技术的发展，系统结构和功能的复杂性对其任务成功性产生了非常大的影响，直接导致了航天发射任务推迟、民航航班飞行延误以及武器装备战备性能下降等一系列问题，严重的情况下还会引发任务失败或人员伤亡事故。基于系统任务成功性和重要度理论，研究面向系统任务成功性的重要度分析方法，探索部件可靠性及维修性变化对系统任务成功性的影响规律并给出有效的优化方法是提高任务成功性的关键，其对提高我国航天装备、国产民机、电力系统的运行保障能力具有重要的科学意义和实用价值。

目前，任务成功性指标主要应用于复杂装备的维修保障能力评估过程中，但缺乏描述系统任务成功性优化的模型和方法。传统的可靠性优化方法仅针对系统及部件的可靠性进行优化建模，而可修系统任务成功性不仅取决于系统及部件的可靠性，还涉及系统及部件的维修性，因此，基于可靠性和维修性的系统任务成功性评估与优化建模分析更加具有挑战性。

重要度分析理论是系统可靠性理论的重要分支，是系统可靠性优化设计和维修决策的重要基础理论之一，其伴随可靠性理论和工程的发展得到了长足的进步，并在航空、航天、核能、交通、电力电网等领域的概率安全评估、风险分析及可靠性优化中得到了广泛的应用。重要度是指当系统中单个或多个部件发生故障或状态改变时，其对系统可靠性的影响程度，它是系统结构和部件可靠性参数的函数。在系统设计过程中，重要度分析结果能够帮助设计人员识别系统薄弱环节，为整个系统可靠性提升和优化设计提供理论支撑；在系统运行过程中，部件重要度排序能够指导合理分配检测和维修资源，保证系统中最关键的部件能够正常运行，从而达到有效提高系统可用性的目的。随着 2012 年重要度研究领域学术专著 *Importance Measures in Reliability, Risk, and Optimization: Principles and Applications* 的出版，重要度分析理论及应用方法的研究已经成为近年来可靠性领域的研究热点之一。

本书以面向任务成功性的可修系统为研究对象，分别建立二态和多态的可修系统任务成功性评估模型。二态系统任务成功拟以实际运行时间达到规定运行时间为衡量标准，多态系统任务成功拟以累计运行性能达到规定运行性能为衡量标准。同时，将部件维修性引入系统重要度分析过程中，突破了传统重要度分析理论仅考虑部件可靠性变化对系统可靠性影响的局限性，提出了从部件可靠性和维修性两个方面综合分析系统任务成功重要度的方法，丰富了系统重要度分析理论体系，解决了面向任务成功性的可修系统瓶颈识别及优化方法问题。

1.2 重要度分析理论

重要度，即重要性测度，起源于概率系统的灵敏度分析，其概念由 Birnbaum 在 1969 年首次提出。Birnbaum 重要度描述了部件状态改变对系统状态的影响程度。随着可靠性理论和可靠性工程的发展，重要度理论在近 50 年间取得了长足的进步，相继涌现出各种类型的重要度理论，其中大多数重要度理论均基于

Birnbaum 重要度的思想来分析计算不同现实情况下各部件的相对重要性。因此，Birnbaum 重要度是重要性测度在复杂系统的可靠性、安全、风险分析等领域中的理论基础，其计算方法为

$$I^{\mathrm{BM}}(i)=\frac{\partial R_{\phi}(\boldsymbol{P})}{\partial P_{i1}}=\Pr\{\Phi(\boldsymbol{X})=1\mid X_i=1\}-\Pr\{\Phi(\boldsymbol{X})=1\mid X_i=0\},\quad (i=1,2,\cdots,n) \tag{1.1}$$

式中：n 是系统中部件的数目；P_{i1} 是部件 i 处于正常状态的概率，也是部件 i 的可靠性；$R_{\phi}(\boldsymbol{P})$ 是系统可靠性函数，其中 $\boldsymbol{P}=[P_{11},\cdots,P_{i1},\cdots,P_{n1}]$；$X_i$ 是部件 i 的状态，其中 $X_i=1$ 表示部件 i 处于正常状态，$X_i=0$ 表示部件 i 处于故障状态；$\Phi(\boldsymbol{X})$ 是系统结构函数，其中 $\boldsymbol{X}=[X_1,\cdots,X_i,\cdots,X_n]$，$\Phi(\boldsymbol{X})=1$ 代表系统正常，$\Phi(\boldsymbol{X})=0$ 则表示系统故障。

1.2.1　重要度的分类

按照重要度计算需要的信息，重要度分为结构重要度、可靠性重要度和寿命重要度三类。

(1)结构重要度。该类重要度的计算仅需要部件在系统中的位置信息。结构重要度主要用于评估系统中部件位置强度，除 Birnbaum 结构重要度外，国内外学者先后提出了 F - V 结构重要度、BP 结构重要度、序列重要度、绝对重要度、割-路集重要度、首项重要度、稀有事件重要度等。

(2)可靠性重要度。该类型重要度的计算需要系统结构函数和部件的可靠性两个方面的信息。可靠性重要度计算方法是在已知部件可靠性的条件下，评估某一部件可靠性变化对系统可靠性的影响程度，部件可靠性重要度是系统可靠性方程对部件可靠性求偏导的结果。在 Birnbaum 可靠性重要度的基础上，先后出现了潜在提升重要度、F - V 可靠性重要度、风险提升当量和风险减少当量、贝叶斯可靠性重要度、关键可靠性重要度和冗余可靠性重要度等。

(3)寿命重要度。该类型重要度需要部件在系统中的位置信息以及部件寿命分布信息。寿命重要度计算方法是将可靠性重要度计算公式中的部件可靠性值用部件寿命内可靠性概率分布代替，按照计算时间类型分为时间独立的寿命重要度(TDL)和时间相关的寿命重要度(TIL)，常用的寿命重要度包括 B - TDL 重要度、B - TIL 重要度、FV - TDL 重要度、FV - TIL 重要度、BP - TDL 重要度和 BP - TIL 重要度六类。

按照重要度在可靠性优化领域的发展历程以及系统所处的状态，重要度可分为二态系统中的重要度、多态系统中的重要度和连续状态系统中的重要度，每

种系统如图 1.1 所示。

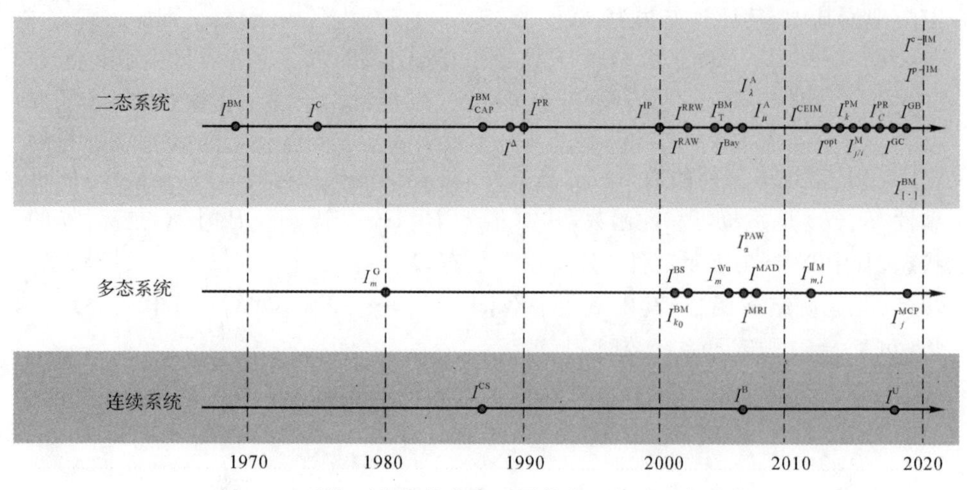

图 1.1　系统可靠性优化在不同状态下的重要度分类

(1)二态系统中的重要度。在二态系统中,大部分扩展的重要度指标能直接由 Birnbaum 重要度推导得到,如结构重要度 $I_{\mathrm{S}}^{\mathrm{BM}}(i)$、关键重要度 $I^{\mathrm{C}}(i)$、部件分配问题中的 Birnbaum 重要度 $I_{\mathrm{CAP}}^{\mathrm{BM}}(i)$、Δ-重要度 $I^{\Delta}(i)$、并联冗余重要度 $I^{\mathrm{PR}}(i)$、潜在提升重要度 $I^{\mathrm{IP}}(i)$、可重构重要度 $I^{\mathrm{opt}}(i)$、部件在多阶段任务系统(Phased Mission System, PMS)中 Birnbaum 重要度 $I_{k}^{\mathrm{PM}}(i,t)$、部件维修优先级 $I_{j|i}^{\mathrm{M}}(t)$ 以及部件的区间值 Birnbaum 重要度 $I_{[\cdot]}^{\mathrm{BM}}(i)$。一些与成本相关的重要度指标是基于单位成本的系统性能变化量而提出的,同样可由 Birnbaum 重要度推导得到,如基于故障率的部件可用性重要度 $I_{\lambda}^{\mathrm{A}}(i)$、基于维修率的部件可用性重要度 $I_{\mu}^{\mathrm{A}}(i)$、成本效益重要度 $I^{\mathrm{CEIM}}(i)$、基于成本的并联冗余重要度 $I_{C}^{\mathrm{PR}}(i)$、部件的全局重要度 $I^{\mathrm{GC}}(i)$ 和广义 Birnbaum 重要度 $I^{\mathrm{GB}}(i)$。Birnbaum 重要度考虑了部件 i 处于完美状态的系统性能、部件 i 处于故障状态的系统性能以及系统当前性能之间的关系。但是,有些重要度指标则考虑上述三种性能中的部分性能以分析部件 i 对系统性能的影响程度,如风险业绩值 $I^{\mathrm{RAW}}(i,t)$、风险降低值 $I^{\mathrm{RRW}}(i,t)$、考虑部件寿命分布的条件 Birnbaum 重要度 $I_{\mathrm{T}}^{\mathrm{BM}}(i,t)$、贝叶斯重要度 $I^{\mathrm{Bay}}(i)$、基于割集的网络重要度 $I^{\mathrm{c\text{-}IM}}(i,t)$ 和基于路集的网络重要度 $I^{\mathrm{p\text{-}IM}}(i,t)$ 等。

(2)多态系统中的重要度。二态系统中的重要度因其简单性,能够表示部件关于系统的临界概率而被广泛使用。然而,在电力电网、计算机、卫星等某些工程系统中,系统一般具有多个性能等级,此时需要建立具有有限数量状态的多态部件重要度模型。Griffith 最早提出了多态系统中的部件重要度用来评估部件 i 的状态变化对系统性能的影响。Griffith 重要度是 Birnbaum 重要度的扩展，它仅衡量特定部件状态逐级变化对系统性能的影响，并未考虑各状态性能的权重，将重要度理论从二态系统扩展到多态系统，因此出现了考虑各个状态的系统效用的 Wu 重要度 $I_m^{\mathrm{Wu}}(i)$。除此之外，多态系统中常用的重要度还包括广义 PMS Birnbaum 重要度 $I^{\mathrm{BS}}(i)$、多态 Birnbaum 重要度 $I_{k_0}^{\mathrm{BM}}(i)$、多态冗余重要度 $I^{\mathrm{MRI}}(i)$、多态部件风险降低值 $I_\alpha^{\mathrm{PAW}}(i)$、平均绝对偏差重要度 $I^{\mathrm{MAD}}(i)$、综合重要度 $I_{m,l}^{\mathrm{IIM}}(i)$ 以及多态部件性能重要度 $I_j^{\mathrm{MCP}}(i)$ 等。

(3)连续状态系统中的重要度。在连续状态系统中，系统或部件状态可以取区间[0,1]中的任意值。连续状态系统的结构函数 $\Phi:[0,1]^n \rightarrow [0,1]$ 是关于每个参数的非增函数，且满足 $\Phi(0_1,0_2,\cdots,0_n)=0$ 和 $\Phi(1_1,1_2,\cdots,1_n)=1$。和多态系统类似，大多连续状态系统中的重要度指标可由 Griffith 重要度推导得到，常见的重要度指标包括连续系统中的 Birnbaum 重要度 $I_\beta^{\mathrm{CS}}(i,t)$、平衡重要度 I^{B}、基于维修的重要度 $I^{\mathrm{U}}(i,t)$ 等。

1.2.2　重要度的作用

(1)系统研制阶段(设计准则)。传统的可靠性技术研究认为，系统的固有可靠性可通过在研制阶段设置系统的可靠性上限来确定。据美国海军电子器件研究机构统计，设计因素占产品不可靠性因素的40%；而在日本电子行业的产品不可靠性因素统计中，可靠性设计因素所占比例高达80%；同时，当系统中有额外的资源时，可通过一定的优化设计来提高系统的性能。由此可见，预防设计和改进设计都会对系统的可靠性产生重要影响。无论是预防设计还是预防改进过程，辨认和确定系统的薄弱环节都可以准确有效地消除隐患，尤其是当系统的优化资源有限(如预算固定)时，应该首先关注系统最关键的部件，从而最大限度地提升系统可靠性。因此，重要度是衡量系统设计阶段中各部件重要性的有效准则，能够结合不同的系统结构和部件改进措施有效识别出系统的关键部件。重要度方法作为系统研制阶段的设计准则，所涉及的应用主要包括以下几个方面。

1)系统可靠性设计：系统的可靠性设计是基于对系统本身结构、故障机理以及性能需求具有一定了解的基础上，利用重要度来确定系统的重要模块并对其投入相对较多的资源。例如，软件开发是一个高成本、高强度、高可靠性要求的过程，并且需要针对不同用户配置特定的文件，常见的做法是提供通用性较强的技术规范作为冗余软件，或保证软件的主要运行程序正常工作。无论是采取哪种做法，都需要根据合适的衡量准则来确定软件运行的关键程序或子模块，有针对性地投入开发成本，以避免灾难性后果或不必要的经济损失。

2)系统参数升级：系统参数升级是指系统在研制阶段通过试验来寻找系统中的薄弱环节，分析故障并有计划地进行系统改进。例如，在航空发动机的可靠性增长试验过程中，在一定的条件下不断地试验，使得航空装备的薄弱环节暴露出来，从而得到受试装备的故障机理和故障模式等信息，有针对性地制定系统相关参数的改进措施。运用基于重要度的故障机理分析方法，便可以更高效地识别系统的薄弱环节，为故障的激发和分析以及故障改进提供参考和指导，在一定程度上减少受试装备的模拟任务量，避免发动机研制中的返工造成的资源浪费以及发动机在使用中发生不必要的故障，有效减少重大损失。

3)基于历史数据的优先级设定：基于历史数据的优先级设定是指通过分析已经存在的先验数据来定量分析各个子模块故障的频率，确定系统资源分配的优先级。例如：在公路运输行业，为了有效地缓解重大赛事后的城市交通拥堵，重要度用于提前规划车流调度路线；在铁路行业，为了有效地缩短积雪等恶劣天气导致的列车延误，需要根据列车线路的重要性提前制定积雪清扫的路段优先级。因此，重要度可以保证在人力、物力资源有限的情况下，有效制定紧急情况下的应对方案，使得交通运输量最大化。

4)设计资源配置：在系统设计或升级过程中，若资源有限，则最好的方案是将资源投入设计和升级后能使系统可靠性等性能最大化的部件。重要度在该情况下的作用是衡量各个部件的相对重要性，从而在设计阶段选择最值得开发和研究的部件。例如，一个输油系统中有多个泵站，在输油过程中，各个泵站会发生不同程度的劣化。尽管泵站的功能相同，但它们可能具有不同的质量、品牌使用年限等，质量越好，价格越贵。在有限的成本预算下，需要根据重要度来寻找各个功能可互换部件对应的最佳位置，此问题可被抽象为一类常见的可靠性优化问题——组合分配问题。

5)概率风险分析与安全评估：对于复杂工程系统，需要通过度量指标对系统的风险进行定量估计，常见的估计方法包括概率风险分析方法和概率安全评估方法。在风险分析过程中，灵敏度分析即为重要度分析的应用扩展，可通过灵敏度分析确定单个输入量变化对系统整体决策的影响，确定输入变量的风险等级，为系统机理的定量分析提供研究框架，从而减少输入量变化的风险，使得产生不利结果的潜在风险最小化。例如，参数估计的不确定性通常会导致不确定性传播，在结果分析过程中，不仅有必要在现有信息的基础上确定什么是最佳处理选择，而且有必要根据参数对这种不确定性的贡献来评估它们的相对重要性。在安全评估过程中，重要度的作用体现在利用灵敏度分析来量化模型参数的不确定降低对系统整体决策的影响。例如，在对核废料的处理进行安全评估时，重要度可用于为影响安全性的基本事件、堆芯损坏频率等指标进行数值估计。

(2)系统运行阶段(决策工具)。重要度作为一种优化准则,能够在系统研制阶段使得系统的实际可靠性有效接近固有可靠性。但由于复杂系统的结构和故障机理比较复杂,所以系统可靠性的问题不仅仅出现在系统研制阶段,在系统运行过程中往往存在很多未知的故障隐患,这些隐患一经触发,将会造成故障,甚至带来重大损失。为了保证研制出来的系统正常工作,还需要进一步开展故障问题瓶颈识别、系统资源重构、故障与寿命预测、维修策略制定等运行可靠性问题的研究。因此,在系统运行阶段,重要度将作为一种有效工具,为相关技术人员提供确定决策的指导方针。重要度方法作为系统运行阶段的决策工具,所涉及的应用主要包括以下几个方面。

1)瓶颈识别:瓶颈识别是指系统发生事故后,在众多可能的故障原因中找出最关键的影响因素,挖掘出关键因素所依赖的最重要的部件。这一方面可以有效遏制事态的进一步恶化,另一方面能够为系统故障防御机制的改进提供参考。例如,在日本近年来最严重的福岛核事故中,导致灾难的关键因素是用于提供动力冷却燃料池和反应堆的应急发电机被洪水淹没,且短时间内没有可替换的备件。因此,为防止海啸、洪水等恶劣天气引发的系统故障,需要重点关注应急发电机的质量与维护问题。相较于已经发生的灾难带来的教训,重要度将在理论上提供最有效的方法来提前识别引起系统故障的瓶颈问题,避免重大经济损失甚至人员伤亡。

2)系统资源重构:系统资源重构主要针对一类包含功能可交换部件且根据性能需求灵活高效地调整软硬件结构的系统,这类系统的部件在运行过程中往往会因内外部条件的影响而不可避免地发生退化,但各部件面临的不同外部环境和操作压力会导致不同的退化程度,重新安排这些部件的位置可提高系统的可靠性。但资源重构的代价比较大,不能频繁实施,因此需要采用重要度衡量部件的相对重要性,将可靠性更高的部件分配给更重要的位置。例如,在车辆行驶一定里程后,厂家会建议交换前、后轮胎来延长轮胎的使用寿命,此时可以根据各个轮胎的退化情况计算其重要度,确定最佳的重构方案。

3)动态资源调整:动态资源调整指的是在系统运行阶段根据遇到的突发情况而动态分配剩余的资源。重要度用于分析对整个系统影响最大的子模块,根据系统的性能需求确定各个子模块的可靠性或资源分配策略。例如,航班往往会因飞机故障、机组人员缺席、前序航班延误等原因取消,此时整个航线网络会受到严重影响。如果能够基于重要度分析确定对整个航线网络影响最小的航班,并将该航班的飞机和机组人员分配给已取消航班,则会提高航线网络的生存性。在数据的高速缓存管理中,可利用重要度模型对并发的不同请求频率的数据存取流的预取资源进行动态分配，简化数据管理策略，避免过度占用系统资源，缩短运行和数据访问时间。

4)维修方案制定：在系统运行阶段，常见的系统可靠性提升方法包含部件的直接维修、并联冗余、部件位置交换以及部件替换。不同的优化方法对应不同的问题模型，可分为单目标优化问题和多目标优化问题，这类问题大多属于 NP 难问题，需要借助启发式算法求解，其中基于重要度的局部搜索可提高解的精度和求解效率。例如，风力发电系统由多个风力涡轮机组成。如果风力发电系统的总输出功率低于某一要求的最小阈值，那么该风力发电系统被认为是故障。因此，当 n 台机组中有 k 台故障时，风电系统的总输出功率不能满足要求，可将风电系统建模为 k-out-n：F 系统。维修车队通常会照顾多个彼此相距较远的风力系统，车队须按照预定的定期时间表维修这些系统，并携带一定数量的备件前往每个系统所在地区。因此，需要基于重要度确定各个涡轮机维修节点处的关键程度，以确定需要携带的备件数量。

5)预测与健康管理：预测与健康管理是针对一些重大装备系统的研究预测和状态监控技术，广泛应用于战斗机、船舰、装甲等武器装备的故障预测和风险预防中。该技术先诊断系统或部件完成规定功能的状态，预测其剩余寿命，健康管理则借助诊断或预测出的信息、现有的资源、系统的性能需求，对维修保障做出合理的决策。在故障诊断过程中，重要度能够用来定位系统中最有可能引起故障的部件，然后是第二可能的部件，以此类推，从而在维修过程中有效定位引起系统故障的主要部件，制定部件的维修顺序，并尽快恢复系统的运行。

1.3 基于重要度的系统优化方法体系

无论是作为优化准则还是决策工具，重要度都在系统优化中发挥了重要作用。重要度驱动的系统可靠性优化方法主要包括基于重要度的系统可靠性优化规则和基于重要度的优化算法。本节将从不同的可靠性优化问题类型出发，对比基于重要度求解不同可靠性优化问题的一般性思路。其中，常见的可靠性优化问题包括可靠性分配问题(Reliability Optimization Problem，ROP)、冗余分配问题(Redundancy Allocation Problem，RAP)、可靠性-冗余分配问题(Reliability-Redundancy Allocation Problem，RRAP)、部件分配问题(Component Assignment Problem，CAP)、退化部件再分配问题(Component Reassignment Problem，CRP)以及复杂问题(Complex Problem，CP)。

1.3.1　基于重要度的系统可靠性优化规则

1. ROP 的排序优化规则

对于 ROP,系统在优化过程中的结构一般是固定的,该问题旨在一定约束条件下寻找能使系统可靠性最大化的部件可靠性分配方案。该问题可根据成本约束、状态多样性、可修系统等实际情况选择合适的重要度进行求解。

当同时考虑系统可靠性提升量和优化成本时,可采用成本效益重要度 I^{CEIM} 来衡量各个部件在单位成本下的系统可靠性增量,在有限的预算下将较高的可靠性分配给 I^{CEIM} 大的部件。基于 I^{CEIM} 的排序规则,广泛应用于工程系统的检测、换件和维修等过程中。

在可修系统中,需要同时考虑部件的可靠性和维修性。基于故障率或维修率的可用性重要度(I_{λ}^{A} 或 I_{μ}^{A})是系统可用性关于故障率或维修率的偏导数。研究表明,具有最大可用性重要度的部件对系统可用性的影响最大。因此,基于 I_{λ}^{A} 或 I_{μ}^{A} 的排序规则能够有效求解可用性分配问题。当对系统进行预防性维修时,系统的可用性会随着停机时间的增加而降低,但同时对多个部件进行预防性维修可在一定程度上提高系统可用性。此时,部件维修优先级 $I_{j|i}^{\mathrm{M}}$ 有助于确定同时执行预防性维修的部件数量,选择具有较大 $I_{j|i}^{\mathrm{M}}$ 的部件以得到最小化预期成本的预防性维修方案。

在多态系统中,多态部件性能重要度 I_{j}^{MCP} 可用于评估部件处于某种状态的概率对系统性能的影响。数值实验表明,在设计阶段反复提高具有最大 I_{j}^{MCP} 的部件性能,可使系统性能提升最大化。在多态铁路网络中,可将每个路段视为一个多态部件,火车在每个路段的行进速度取决于轨道的退化和交通状况。当火车的行进速度高于规定的水平时,广义的风险业绩值 $I_{\alpha}^{\mathrm{PAW}}$ 由延迟减小量来表示。不同情形下的结果表明,放宽重要路段的速度要求能大大降低总体延迟,放宽路段的先后顺序则由 $I_{\alpha}^{\mathrm{PAW}}$ 排序来确定。

根据 ROP 优化规则的相关研究,其具体过程可分为以下几个步骤:①分析优化模型并选择适当的重要度。②计算部件重要度。③按重要度降序排列部件。④确定重要度最大的部件并提升其可靠性。⑤检查资源的剩余情况,如果有剩余资源,返回步骤②。⑥直到没有剩余资源,输出最终解决方案。

2. RAP 的排序优化规则

RAP 一般以串并联系统为研究对象。该问题旨在一定约束条件下寻求能使系统可靠性最大化或优化成本最小化的冗余分配方案。在相关系统中,可基于不同类型重要度的排序规则解决不同情况下的 RAP,遵循的基本思想是将冗余部件分配给重要度最大的部件,以最大程度地提高系统可靠性。

基于 Birnbaum 重要度的排序规则能够解决部件可靠性已知或未知时对应的 4 种情形下的 RAP。情形 1:部件可靠性未知,冗余部件应分配给 Birnbaum 结构重要度 I_S^{BM} 最高的部件。情形 2:所有部件的可靠性已知且相同,冗余部件应分配给 Birnbaum 重要度 I^{BM} 最高的部件。情形 3:所有部件的可靠性已知但均不同,冗余部件应分配给具有最大$(1-P_{i1})I^{BM}(i)$ 的部件。情形 4:部件可靠性已知但冗余部件的可靠性不尽相同,冗余部件应分配给具有最大 $P_{i1}^{*}(1-P_{i1})I^{BM}(i)$ 的部件。

基于贝叶斯重要度的优化规则也能用于解决以下两种情形的 RAP。情形 1:在串联系统中,冗余部件应分配给最高 I^{Bay} 的部件来最大化系统可靠性。情形 2:针对任何具有不重叠子系统的相干系统,若同一子系统中的部件可靠性相同,冗余部件应分配给具有较高 I^{Bay} 的子系统以有效提高系统可靠性。

基于并联冗余重要度 I^{PR} 的排序规则可以解决成本、空间和重量约束下的 RAP,为并联冗余重要度最大的部件添加冗余部件,能最大程度地提升系统可靠性。若每个冗余部件的成本相等,为具有最大 I^{PR} 的部件添加备件,能得到最大的系统可靠性提升量。研究结果表明,基于 I^{PR} 的部件排序是一种合理且有效的方法,能得到最经济的部件冗余添加方案。

根据 RAP 优化规则的相关研究,其具体过程与 ROP 基本相同,除了步骤④应该是“为重要度最大的部件分配冗余部件”。因此,用于解决 ROP 和 RAP 的排序规则的执行步骤如图 1.2 所示。

3. CAP 的启发式优化规则

CAP 一般以具有功能可交换部件的连续 n 中取 k 系统为研究对象。针对这类系统,最优不变分配方案可根据部件可靠性的排序来确定,而不需要考虑各个部件的可靠性实际值。可通过数学推导证明一些典型连续 n 中取 k 系统中的最优不变分配是存在的。若一个系统不存在最优不变分配方案,则需要结合部件的可靠性和基于重要度的启发式规则得到最优分配,即具有高可靠性的部件应分配给具有较大重要度的位置。以下简要列举了目前比较常用的求解 CAP 的方法的异同点及其适用范围,见表 1.1。

表1.1 常用的CAP启发式规则汇总

<table>
<tr><th colspan="2">方法名称</th><th>时 间</th><th>核心步骤</th><th>适用范围</th></tr>
<tr><td colspan="2">Kontoleon算法</td><td>1979年</td><td>用最低可靠性值初始化所有位置;将具有较高可靠性的部件依次分配给系统</td><td>小规模系统</td></tr>
<tr><td rowspan="4">LK类算法</td><td>LKA</td><td>2002年</td><td>用最低可靠性值初始化所有位置;依次将剩余的最可靠的部件分配给可用的最重要的位置</td><td>高可靠性(≥0.8)部件的系统</td></tr>
<tr><td>LKB</td><td>2011年</td><td>用最高可靠性值初始化所有位置;依次将剩余的最不可靠性的部件分配给可用的最不重要的位置</td><td rowspan="3">低可靠性(≤0.2)或任意可靠性部件</td></tr>
<tr><td>LKC</td><td>2011年</td><td>用最低可靠性值初始化所有位置;依次将剩余的最不可靠性的部件分配给可用的所有位置</td></tr>
<tr><td>LKD</td><td>2011年</td><td>用最高可靠性值初始化所有位置;依次将剩余的最不可靠性的部件分配给可用的所有位置</td></tr>
<tr><td rowspan="4">ZK类算法</td><td>ZKA</td><td>1990年</td><td>初始配置已知;从可靠性最低的部件开始,与下一个可靠性更高的位置比较</td><td>次优于ZKB和ZKD</td></tr>
<tr><td>ZKB</td><td>1990年</td><td>初始配置已知;从可靠性最低的部件开始,与所有可靠性更高的位置中最不重要的位置进行比较</td><td>低可靠性部件的系统</td></tr>
<tr><td>ZKC</td><td>2011年</td><td>初始配置已知;从可靠性最高的部件开始,与下一个可靠性更低的位置比较</td><td>次优于ZKB和ZKD</td></tr>
<tr><td>ZKD</td><td>2011年</td><td>初始配置已知;从可靠性最高的部件开始,与所有可靠性更低的位置中最重要的位置进行比较</td><td>高可靠性或任意可靠性部件的系统</td></tr>
<tr><td colspan="2">BITS算法</td><td>2011年</td><td>由LKA和LKB分别产生两个初始分配。根据部件可靠性范围选定ZK算法求解并选最优</td><td>大规模系统更显优势</td></tr>
</table>

由表1.1可知,BI是CAP启发式规则中的衡量各位置的相对重要性的基

本准则,各个算法通过不同的方式、效率来将更可靠的部件分配给更重要的位置。

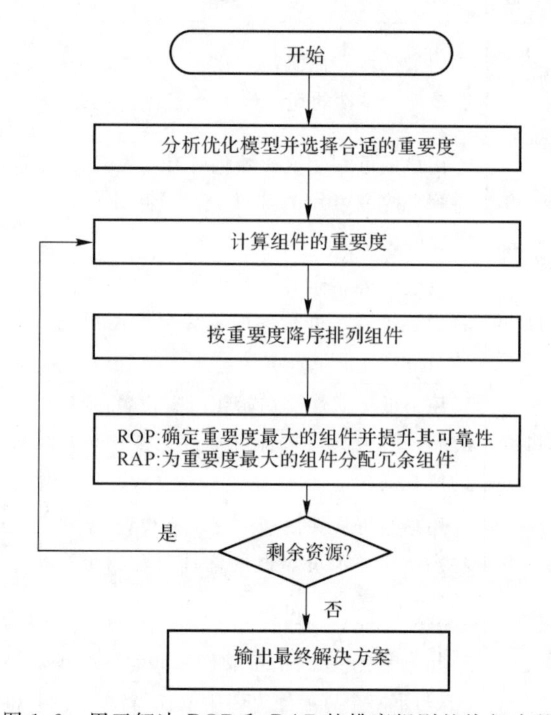

图 1.2　用于解决 ROP 和 RAP 的排序规则的执行步骤

4. CRP 的启发式优化规则

CRP 一般以 n 中取 k 系统、串联系统、并联系统为研究对象。该问题旨在系统运行一段时间后,通过寻找最优的退化部件再分配时间和再分配方案,使得系统的运行寿命最大化。对于 n 中取 k 系统($1\leqslant k\leqslant n$)中的 CRP 问题,Zhu 等人提出了一种通用的解决方法,详细步骤如下:

(1)利用公式计算不进行部件再分配时的系统运行寿命 T_1。

(2)在$[0, T_1]$内寻找再分配时间点 t_0,再分配时间点的初始集合可通过分段取值得到,假设每一段的长度为 Δ,则 $t_0\in\{0,1,\cdots,T_1/\Delta\}$。

(3)令 $P=\{1,2,\cdots,n\}$,其中 P 是系统中可用于部件再分配的位置集合。对于每一个 t_0,执行以下子步骤:

1)根据公式计算 t_0时刻各个位置上的部件退化量并对其按从小到大的顺序进行排列,找出前 k 个最小的退化量($\gamma^{(1)}\leqslant\gamma^{(2)}\leqslant\cdots\leqslant\gamma^{(k)}$)及其对应的部件;

2)对于 $v=1,2,\cdots,k$,将退化量为 $\gamma^{(k+1-v)}$ 的部件重新分配给位置 i_v,并将

i_v移出 P,其中 i_v是重新分配后能使系统寿命最大化的位置;

3)将其余 $n-k$ 个部件任意分配给 P 中剩下的位置;

4)在给定再分配时间 t_0后,计算再分配后的系统寿命 T_2。

(4)从步骤(3)得到的结果中取最大值,即为系统最大寿命。

上述方法适用于求解以系统运行寿命最大化为目标的串联系统、并联系统以及 n 中取 k 系统的 CRP,系统中可包含具有任意确定性退化路径的部件。

1.3.2　基于重要度的系统可靠性优化算法

系统可靠性优化问题主要研究在满足系统可靠性要求的情况下最小化成本,或者在资源限制下最大化系统可靠性。该类问题已被证明是 NP 难问题,即在多项式时间内不能得到精确解。小规模系统的精确解可借助枚举法得到,但是枚举法在求解大规模系统时十分耗时甚至不能在可接受的时间内得到精确解。因此,基于重要度的优化算法是一种能有效求解可靠性优化模型的方法,它包含基于重要度的局部搜索算法和基于重要度的简化方法。基于重要度的局部搜索算法将重要度规则与进化算法相结合以提高算法的性能,其执行流程如图 1.3 所示;基于重要度的简化方法则借助重要度筛选关键因素来简化优化模型,其执行流程如图 1.4 所示。根据系统可靠性优化研究的相关文献,基于重要度的优化算法的研究主要从问题类型、系统类型、重要度和算法类型几个方面进行分析。

1. ROP 的优化算法

资源有限的 ROP 旨在确定各部件可靠性的提升量以最大化系统可靠性。可利用基于 GBIM 的遗传算法求解具有成本约束的 ROP。基于 GBIM 的局部搜索算法是基于 GBIM 的遗传算法的重要过程,其思想是提升具有最大 I^{GB}的部件可靠性以最大化系统可靠性提升量。

在多态系统的 ROP 中,由于系统的性能取决于多态部件各个性能水平的组合,且与部件性能及其位置有关,所以利用平衡重要度 I^B 来评估各个部件重要度的离散程度,I^B 可减少多目标 ROP 优化模型中目标函数的数目,进而简化优化模型。

连续状态系统的 ROP 旨在确定最优维修资源分配方案以最大化系统性能,其维修资源主要是各部件的维修时间。基于性能提升的遗传算法能有效求解系统性能优化问题,其中,基于 I^U 的局部搜索算法能确定各个部件的最优维修时间分配方案,其思想是为最大 I^U 的部件提供最优的维修时间,而其他部件的维修时间则可按先前维修时间的比例进行分配。

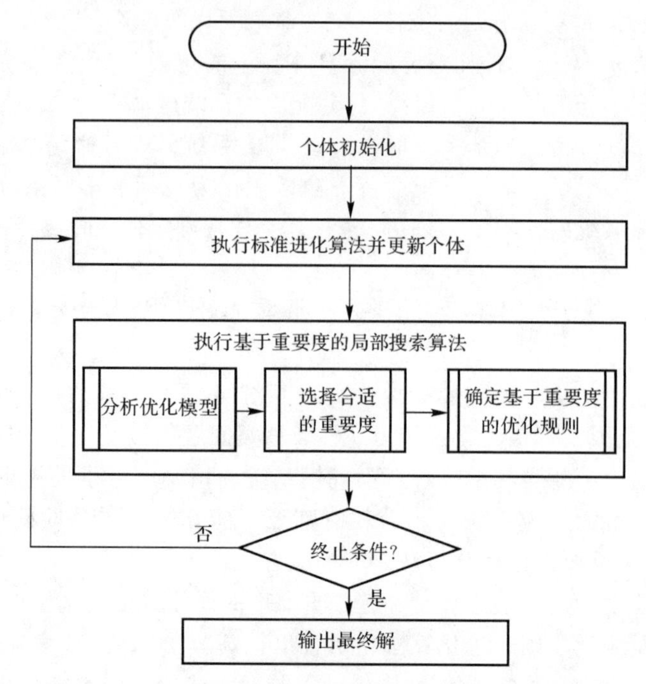

图 1.3　基于重要度的局部搜索优化算法的一般流程

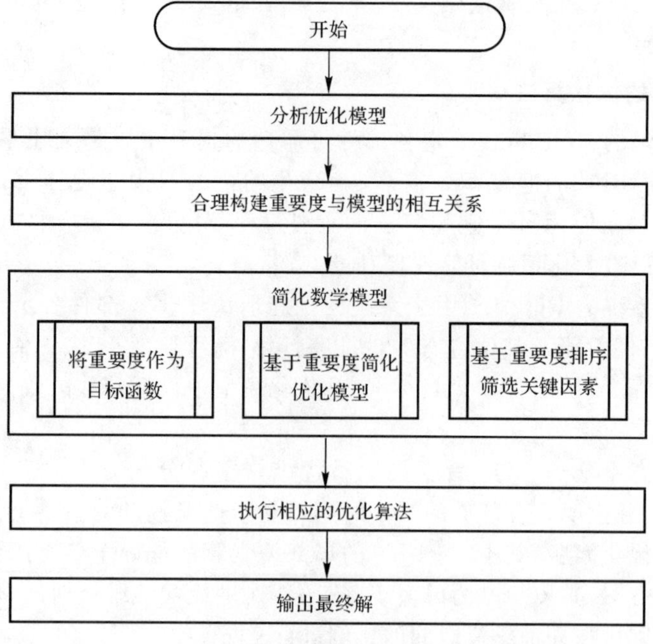

图 1.4　基于简化方法的优化算法的一般流程

2. RAP 的优化算法

在系统设计阶段，当 RAP 考虑外部异常故障对系统的影响时，多部件重要度能用于估计最坏情况下的外部异常故障的数量。研究表明，部件故障对系统的影响程度可由部件故障对子系统的影响程度来衡量，该方法能确定最坏情况下的系统可靠性，从而简化目标函数的计算复杂性。RAP 模型可扩展为一个多目标优化数学模型，其目标函数是在正常和异常外部故障下最大化系统可靠性，同时最小化成本。I^{PRW}能定量分析子系统对系统可靠性的影响，选择重要度最高的子系统并提升其可靠性，能在最大化系统可靠性的同时最小化成本。因此，RAP 的优化模型可根据 I^{PRW}进行简化。

RRAP 是 RAP 与 ROP 相结合的一种可靠性优化问题，该问题通过部件可靠性分配和并联冗余来优化系统可靠性。在 RRAP 的求解过程中，基于重要度的局部搜索有两种可靠性与冗余度调整策略，分别是：①降低部件冗余度后提升部件可靠性；②增加部件冗余度后降低部件可靠性。这两种调整策略都会使多目标问题的解更接近 Pareto 前沿，从而得到使得系统可靠性更高而成本更低的优化方案。此外，Birnbaum 重要度还能通过评估系统可靠性的提升量简化适应度函数的计算复杂度。

3. CAP 的优化算法

常用的 CAP 优化算法是将重要度理论与遗传算法结合，如基于重要度的局部搜索遗传算法(Birnbaum Importance-based Genetic Local Search, BIGLS)、基于 Birnbaum 重要度的遗传算法(Birnbaum Importance-based Genetic Algorithm, BIGA)以及基于多目标 Birnbaum 重要度的非支配排序遗传算法(Multi-Objective Birnbaum Importance-based Non-dominated Sorting Genetic Algorithm, MOBI-NSGA-Ⅱ)。这 3 种算法的提出时间、核心步骤以及适用范围见表 1.2。

表 1.2 常用的 CAP 优化算法

方 法	时 间	核心步骤	适用范围
BIGLS	2011 年	将 ZKD 的内循环算法作为基于 BI 的局部搜索；对于初始染色体、变异后的染色体以及当前种群中的最优染色体执行局部搜索	适用于任意规模系统
BIGA	2016 年	在 BIGLS 的基础上增添基于 BI 的种群初始化、基于 BI 的染色体更新准则、综合精英策略	适用于任意规模系统

续表

方　法	时　间	核心步骤	适用范围
MOBI-NSGA-Ⅱ	2020年	将基于MOBI的局部搜索方法引入NSGA-Ⅱ算法	多目标CAP

4. CRP的优化算法

CRP主要通过部件的重新分配来提升系统性能。当CRP以任务时间内的系统可靠性下限为优化目标时，该问题旨在寻求一段运行时间内能使系统可靠性下限最大化的部件再分配时间和再分配方案。Δ-重要度能够准确描述各个部件经再分配后在某一时刻引起的系统可靠性增量。因此可将基于DI的局部搜索算法引入遗传算法中求出再分配时间已知的部件再分配方案。由于再分配时间和再分配方案可以相互唯一确定，若要同时求得再分配方案和再分配时间，需要在启发式算法的基础上进一步设置基于DI的贪婪算法。

5. CP的优化算法

CP的复杂性主要体现在系统结构和部件关系两个方面，如具有复杂结构的网络系统以及部件关系复杂的PMS。网络系统可靠性优化主要通过调整冗余配置、部件的可靠性等来实现网络系统可靠性最大化。当部件故障服从计数过程时，基于路集重要度$I^{p-IM}(i,t)$和基于割集重要度$I^{c-IM}(i,t)$分别用于评估一个边缘故障或工作对网络故障或工作的影响程度，其排序能用于网络系统设计阶段和维修阶段的资源分配过程。PMS中同一部件在不同阶段的相关关系十分复杂，在整个阶段任务中，可利用Birnbaum灵敏度I^{BS}评估参数对系统的影响程度，I^{BS}是每个阶段敏感度的加权和。I^{BS}能有效提升备选部件的性能以最大化系统性能提升量，进而简化优化问题的目标函数。

上述重要度指标可从不同角度评估部件性能对系统性能的影响程度，进而识别系统的薄弱环节。为薄弱环节提供充足的资源可显著提升系统性能。由此看来，根据重要度排序提升部件性能是提升系统性能的一条捷径。基于重要度的优化方法正是利用重要度识别薄弱环节的能力得到经济有效的系统性能提升方案。根据基于重要度的系统可靠性优化问题的最新研究成果，本书给出了重要度驱动系统可靠性优化的一般理论框架，如图1.5所示。

针对系统可靠性优化问题(ROP、RAP、RRAP、CAP和CP)，重要度求解优化问题的核心思想是，将更多的资源分配给具有较高重要度的部件以最大化系统性能。在选择求解算法之前，应分析问题的复杂性，选择合适的重要度并检查重要度排序的有效性。若基于重要度排序能快速得到优化问题的最优解，则优先选择基于重要度的规则来求解优化问题;否则,应考虑基于重要度的优化算法。

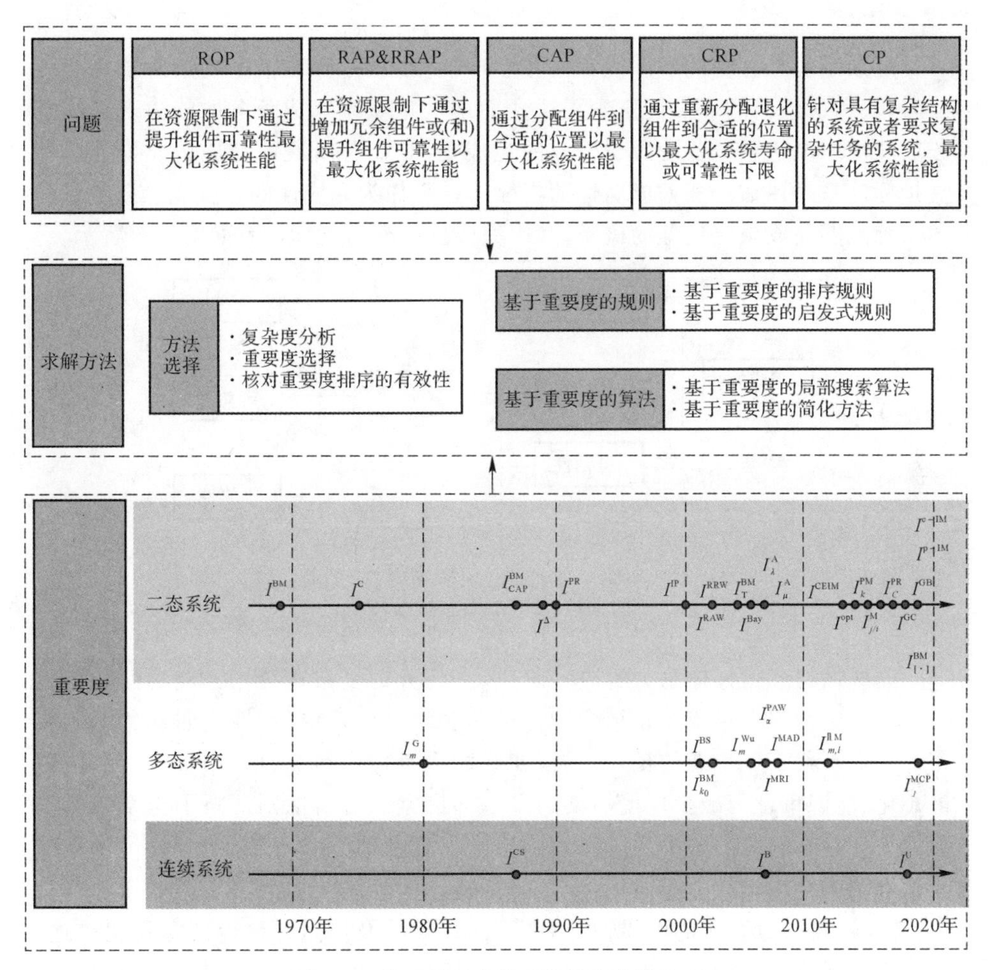

图1.5　基于重要度的系统优化方法体系

1.4　任务成功性的评估与优化

任务成功性是系统在任务剖面内完成规定功能的能力,它是评估军事武器装备的维修保障能力的关键指标,同时,也是衡量PMS性能的重要标准。

1.4.1 任务成功性评估指标

复杂系统具有功能多样性和任务多样性两大特征，在描述复杂系统综合性能时，仅考虑经典的可靠性概念无法全面地度量系统完成任务的能力。系统任务成功性取决于系统各阶段子任务的完成情况，而各阶段的完成情况可通过建立指标体系来评估。任务成功性的指标体系可作为完成性的综合概念来定量描述系统能够完成规定任务的概率，其中完成性的概念指标体系如图 1.6 所示。

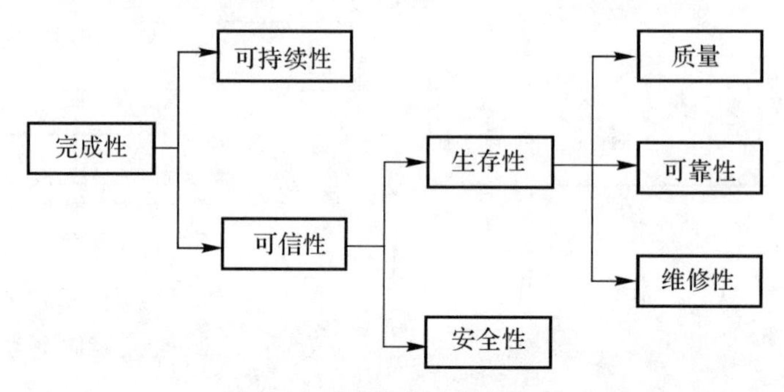

图 1.6　完成性概念指标体系

完成性概念指标体系为解决多阶段、多任务的复杂系统任务成功性问题提供了一个定性与定量描述相结合的评估路径。其中，可持续性表明任务的完成需要考虑现代工业生态的长期发展，如废物重复使用情况、循环利用情况、废料最小化、能源审计等减少环境污染的多方面因素。可信性则反映了与系统的安全性和生存性有关的多个系统属性的综合。这些属性具有相关性，其优劣程度受到系统的结构设计、原材料、生产工艺、制造过程、运行环境等因素的影响。其中，生存性可通过系统的可靠性计算、维修性计算及质量评估得到定量化描述，本书主要通过系统的可靠性和维修性两个指标来定量分析二态及多态系统的任务成功性。

1.4.2 任务成功性优化问题的挑战

1. 系统的高可靠性需求

科技发展的日新月异使得武器系统及高端装备制造系统的复杂程度不断提高，设备越复杂，其发生故障的可能性就越高。与此同时，我国“军民融合”以及“中国制造 2025”战略对复杂系统成功完成任务的能力提出了更高的要求，而可靠性是衡量任务成功性的一项关键指标。虽然我国在近几十年开展了大量的可靠性理论研究，但目前的可靠性提升技术尚不能满足复杂高端装备全生命周期中的需求，同时在故障容错设计中也存在诸多限制。

一般来说，高端复杂装备的研制是一个争分夺秒的过程，但实际研制周期往往很长，如果再经历反复设计与试验，则会带来时间浪费和经济损失，因此需要考虑如何在产品研制、生产和维修过程中尽可能地将系统维持在较高的可靠性水平之上。

计算机技术的高速发展以及大规模分布式系统的出现使得故障容错设计变得越来越重要。故障容错系统是指在故障发生后仍能降级运行的高可靠系统，广泛存在于航空航天、核电站等能够保证一定故障容错能力的系统中。故障容错能力的设计主要通过采取冗余措施和退化系统资源重构来实现，但冗余设计策略往往受到质量、成本、环境条件等因素的限制，系统重组方案也会受到系统结构、任务运行时间，退化速率、系统及部件当前退化程度的限制。因此，如何制定使系统故障容错能力最大化的冗余措施和系统重构方案成为当前亟待解决的系统任务成功性优化问题。

2. 系统任务多阶段性

PMS是指具有多个连续且有序的非重叠操作过程或任务阶段的系统，目前已广泛应用于以任务安全为核心的航空航天、电力电网、物联网等领域，如飞行器在任务执行过程中的起飞、爬升、巡航、降落以及着陆就是一个典型的PMS。与单阶段任务系统相比，PMS会随着各阶段任务的变化而面临不同的环境应力标准、结构配置方案、故障条件标准以及部件状态分布等。除了动态性，实际PMS中的部件功能故障模式之间往往存在相关性，如环境突变或设计错误将会导致多个部件同时发生共因故障，一个部件故障触发相关部件故障进而产生功能相关故障。

实际上，复杂系统在寿命期内或任务期内往往要经历不同的任务阶段，系统部件在不同阶段间的共同作用使得部件自身的动态性和部件间的相关性深度耦合。传统的可靠性建模方法主要基于可靠性框图、路集/割集、不交和乘积等方法描述系统的静态逻辑结构，而忽略了系统的动态性和相关性。PMS可靠性分析面临着运算效率偏低、运算结果偏离实际等问题，从而导致设计失误、增加维护成本、造成安全隐患等一系列后果。综合分析系统中部件的动态交互性和功能相关性是PMS任务成功性模型构建与优化的关键。

3. 系统及部件状态多样化

多状态系统是指系统及其部件可以呈现出对应于不同状态的多个性能水

平，范围从完好运行到完全故障。例如：计算机系统中处理器的状态可以分为完全正常、部分正常、部分故障和完全故障4种性能等级；卫星系统的状态也可以根据其性能损失程度划分为多个等级，即性能损失量为0～5%的正常运行状态、性能损失量为5%～35%的小幅退化状态、性能损失量为35%～85%的大幅退化状态和性能损失量为85%～100%的故障状态。

因此，传统的二态系统可以看作是多状态系统的一种特例，即二态系统是多状态系统在完美工作状态和完全故障状态两种情况下的特例。MSS可用于对共享载荷、性能退化、多种故障模式和有限维修资源等复杂行为进行建模，广泛应用于电力系统、通信和传输网络、计算机系统、传感器网络、逻辑电路和流体传输等实际系统中。由于多状态系统的各个状态之间的转移存在互斥现象，且部件的各个状态也会对系统产生不同影响，所以多状态系统的任务成功性分析与优化要比二态系统更复杂。本书将在二态可修系统任务成功性分析的基础上，进一步建立多态可修系统的任务成功性模型，并基于重要度优化其任务成功性。

1.4.3 任务成功性发展趋势

1. 考虑动态性与相关性的任务成功性评估方法

随着航空器、计算机通信、自动驾驶等系统自动化程度的不断提高，系统需要连续执行越来越多的任务，单一阶段的系统模型已经无法准确描述跨阶段任务的相关性。同时，系统在各个阶段的应力水平及性能需求差异构成了不同的系统配置和结构函数，使PMS的可靠性建模相比单阶段任务系统更加具有挑战性。在大多数实际系统中，部件不仅仅只有工作和故障两种状态，诸如载荷共享系统、多故障模式系统、动态储备系统等都会呈现出由功能完好到完全故障的多种性能水平。现有的多状态系统可靠性分析方法主要包括随机过程法、多态最小路径法以及决策图等方法。

同时，“各部件故障相互独立”的假设在实际系统中多不成立，系统中的各部件或子系统往往会暴露在同一外部环境下或者承受同一冲击，由此造成的级联故障或共因故障等故障传播效应使得各部件之间具有统计相关性，采取的维修优化措施也会对系统中的功能相关部件产生影响。因此，在未来的任务成功性评估与优化中，应该考虑共因故障、功能相关故障、竞争故障等模式下的部件状态之间的相关性、部件与系统的相关性以及系统的阶段动态性等。

2. 定性与定量相结合的任务成功性评估方法

任务成功性作为可修系统可靠性与维修性的评估指标，它本身就是以概率论和统计方法为基础的一个高度定量化的分析过程。目前,许多大型复杂系统的可靠性及任务成功性研究更多地使用定性方法,如我国航空航天领域使用的故障模式及后果分析(Failure Mode and Effects Analysis,FMEA)、根本原因分析(Root Cause Analysis,RCA)以及故障归零等分析方法。传统的系统可靠性工程分析偏重管理,可靠性的定量化研究在不太受重视的同时,还受到技术瓶颈的限制。

如今,现代复杂系统对定量化的任务成功性研究技术的需求越来越迫切。一方面,许多有关可靠性的决策都是基于可靠性数据制定的,根据系统的性能退化数据可以得到表征从退化到故障过程中的大量信息,根据数据建立系统的退化模型并利用统计方法进行模型验证。另一方面,对于一些软件密集型系统,软件故障分析相对于硬件来说比较困难,一般只能通过软件测试或软件的可靠性增长试验来实现。除了定性研究软件的故障模式和故障特点外,更重要的是建立精确的概率统计模型,从而对软件的可靠性增长过程进行有效量化。

由此可见,若想得到精确的故障机理模型,仅靠可靠性及维修习惯的定性分析是远远不够的,需要进一步推动任务成功性分析技术的微观化,在系统全生命周期管理过程中利用收集到的数据精准量化各个阶段的可靠性,预测系统的防御性、恢复性以及安全性等,从而在一定时间周期内快速有效地研制出符合要求的系统。

3. 任务成功性优化体系构建

系统的固有可靠性虽然是由设计确定的,但随着新兴技术和新型工艺的广泛应用,系统在研制阶段需要经历认识—改进—完善的过程。与此同时,系统的复杂化使得设计人员很难在研制阶段完全掌握系统的故障机理,有些长寿命产品的故障往往在运行一段时间后才出现,此时的系统优化方法和维修措施就显得尤为重要。目前,系统的可靠性优化问题主要包括系统结构优化、部件分离优化、冗余优化以及备用部件排序优化。

在可修的PMS中,系统任务成功性优化则是对具有上述问题的数学规划模型进行求解。系统的优化过程一般为不断暴露出薄弱环节,再不断纠正、改进,但大型复杂系统的优化往往要耗费大量的时间、人力、物力等,经不起反复的研制和维修,若能构建一套高效的任务成功性优化体系,则能在有效提升系统性能的同时大大减少人力、物力等资源的使用。重要度是指系统中单个或多个部件的状态变化对系统可靠性的影响程度,它可以通过识别系统的薄弱环节来合理分配资源,并为系统的可靠性提升和优化设计提供理论支撑。基于重要度理论,准确定位系统薄弱环节并提出高效的PMS多目标优化算法,为重要度理论驱动的PMS优化探索新的途径。

1.5 参考文献

[1] 高社生. 可靠性理论与工程应用[M]. 北京:国防工业出版社，2002.

[2] 张涛. 装备使用阶段维修保障能力评估建模与分析[D]. 长沙:国防科学技术大学，2004.

[3] KUO W, ZHU X. Importance measures in reliability, risk, and optimization: principles and applications[M]. New York: John Wiley & Sons, 2012.

[4] BIRNBAUM Z W. On the importance of different components in a multi-component system[J]. Journal of Multivariate Analysis, 1969, 1(1):1-3.

[5] SI S, ZHAO J, CAI Z, et al. Recent advances in system reliability optimization driven by importance measures[J]. Frontiers of Engineering Management, 2020, 7:335-358.

[6] COIT D W, ZIO E. The evolution of system reliability optimization[J]. Reliability Engineering & System Safety, 2018, 192:106259.

[7] ZHU X, FU Y, YUAN T. Optimum reassignment of degrading components for non-repairable systems[J]. IISE Transactions, 2020, 52(3):349-361.

[8] SI S, LIU M, JIANG Z, et al. System reliability allocation and optimization based on generalized Birnbaum importance measure[J]. IEEE Transactions on Reliability, 2019, 1:1-13.

[9] CAI Z, SI S, SUN S, et al. Optimization of linear consecutive-k-out-of-n system with a Birnbaum importance-based genetic algorithm[J]. Reliability Engineering & System Safety, 2016, 152:248-258.

[10] MA C, WANG W, CAI Z, et al. Maintenance optimization of reconfigurable systems based on multi-objective Birnbaum importance [J]. Proceedings of the Institution of Mechanical Engineers Part O Journal of Risk and Reliability, 2020, 1: 1748006X2090198.

[11] 金光. 复杂系统可靠性建模与分析[M]. 北京:国防工业出版社，2015.

第 2 章　可修系统任务成功性建模理论

在实践中，为了改善系统的可靠性，经常采用维修的手段。可修系统是可靠性理论中讨论的一类重要系统。任务成功性是衡量系统完成单阶段任务或多个阶段任务的有效指标。本章将介绍可修 PMS 的基本概念、常用的可修 PMS 建模分析方法及本书将采用的 3 个关键技术，包括解决部件可修问题的马尔可夫过程、可以直观反映出函数的逻辑结构并逐渐被应用于任务系统可靠性分析中的二元决策图和多态多值决策图，最后介绍本书采用的基于决策图的马尔可夫可修系统的一般模型。

2.1　可修系统任务成功性评估方法

PMS 是一种完成任务没有重叠和连续阶段的系统。PMS 主要应用于雷达、无人机、船舶等领域，以达到规定的目标。任务成功性是衡量 PMS 性能的重要标准，能够直观反映系统成功完成任务的能力。飞行过程是 PMS 的一个简单例子，起飞、平稳飞行和降落表示该系统需要完成的阶段任务。

近年来，PMS 的任务成功性研究引起了学者们的广泛关注。对于不可修 PMSs，研究人员更加关注其建模和评价方法。常用的评估方法有基于 Petri 网的建模方法、基于部件条件可靠性的精确评估方法和基于阶段任务需求和不完全故障覆盖的高效任务成功性评估方法。对于具有非相同独立不可修多状态部件的 PMS，常用的建模方法包括基于条件概率和分支定界的递归方法、考虑不可修 PMSs 的随机计算任务成功性评估方法等。除此之外，一些学者针对特定情况提出了相应的建模方法。例如，针对具有不可修部件和不完善备份的冷备份系统，Levitin 等人提出了一种可靠性评估的数值方法。针对故障覆盖不完全且具有能力的串并联永磁同步发电机，Peng 等人提出了一种基于通用发电函数的可靠性分析方法。针对分阶段任务公共总线问题，Yu 等人提出了具有共因故障的 PMS 评估算法，并通过解析算例与数值算例对比验证了所提方法的有效性。

对于一些不可修的大型设备，一旦发生故障，将会造成高昂的拆卸成本和替换成本。因此，设计系统的可修性并对可修 PMS 的任务成功性进行建模和评价一直是研究者关注的焦点。总体概括来说，可修系统任务成功性建模主要包括两大类方法：仿真法和分析建模法。仿真法在系统表示方面通常有很强的通用性但是经常需要巨大的计算量。分析建模法不仅具有较为灵活的建模表示能力，而且计算量小，易于求解。分析建模法还可以进一步分为以下三种类型。

(1)基于状态空间的方法：属于动态建模方法，主要有基于马尔可夫过程的方法(齐次马尔可夫过程或非齐次马尔可夫过程)、基于 Petri 网的方法。

(2)组合模型的方法：属于静态建模方法，包括故障树、可靠性框图、二元决策图、多元多值决策图等。

(3)阶段模块化的方法：该方法综合了前两种方法。

当系统部件之间有复杂的依赖关系时，基于状态空间的方法具有灵活、强大的建模能力。然而，这种方法会遇到状态爆炸的问题，随着系统阶段和部件数目的增加，模型的规模会呈指数级膨胀，从而导致庞大的计算量。相比之下，组合模型的方法结合了决策图和阶段代数的优点，可以实现较小的计算复杂度和较少的存储需求。但是，这些方法仅适用于部件状态独立的可修系统。对于部件状态相互依赖的可修系统，文献[11]和文献[12]提出的阶段模块化方法能够更好地进行可靠性分析，这种方法综合利用了基于决策图的方法和基于马尔可夫过程的方法来分别解决静态模块和动态模块。然而，这些模块化方法仅局限于分析不可修复部件组成的系统。为解决此问题，文献[13]提出了一种层次建模法来分析可修系统，该方法促进了多态部件的建模研究。

2.2 相关理论

2.2.1 马尔可夫过程

设$\{X(t),t\geqslant 0\}$是取值于$E=\{0,1,\cdots\}$或$E=\{0,1,\cdots,N\}$中的一个随机过程，如果对任意正整数n，以及任意n个时刻点$0\leqslant t_1<t_2<\cdots<t_n$，均有下式成立：

$$P\{X(t_n)=i_n\mid X(t_1)=i_1,X(t_2)=i_2,\cdots,X(t_{n-1})=i_{n-1}\}=P\{X(t_n)=i_n\mid X(t_{n-1})=i_{n-1}\},\quad i_1,i_2,\cdots,i_n\in E \tag{2.1}$$

则称$\{X(t),t\geqslant 0\}$为马尔可夫过程，又如果对任意$t,u\geqslant 0$，均有

$$P\{X(t+u)=j \mid X(u)=i\}=P_{ij}(t), \quad i,j \in E \tag{2.2}$$

若式(2.2)与u无关,则称马尔可夫过程$\{X(t),t \geqslant 0\}$是时齐的。以下讨论的马尔可夫过程均假定是时齐的。

对固定的$i,j \in E$,函数$P_{ij}(t)$称为转移概率函数,$\boldsymbol{P}(t)=[P_{ij}(t)]$称为转移概率矩阵。式(2.1)可解释为:过程在将来时刻t_{n+1}所处状态的统计特性仅依赖于现在时刻t_n的状态而与过去时刻的状态无关。简而言之,在已知"现在"的条件下,"将来"与"过去"是独立的。式(2.2)则表示马尔可夫过程的转移概率仅与时差t有关,而与起始时刻的位置u无关。

一般来说,马尔可夫过程的时间参数和状态空间可以是离散的也可以是连续的。当马尔可夫过程的时间参数和状态空间都是离散的时,称其为马尔可夫链。

此外,假定马尔可夫过程$\{X(t),t \geqslant 0\}$的转移概率函数满足

$$\lim_{t \to 0} P_{ij}(t)=\delta_{ij}=\begin{cases}1, & i=j \\ 0, & i \neq j\end{cases} \tag{2.3}$$

则对转移概率函数,显然具有以下性质:

$$\left.\begin{aligned} & P_{ij} \geqslant 0 \\ & \sum_{j \in E} P_{ij}(t)=1 \\ & \sum_{k \in E} P_{ik}(u) P_{kj}(v)=P_{ij}(u+v)\end{aligned}\right\} \tag{2.4}$$

若令$P_j(t)=P\{X(t)=j\}, j \in E$,它表示时刻$t$系统处于状态$j$的概率,则有

$$P_j(t)=\sum_{k \in E} P_k(0) P_{kj}(t) \tag{2.5}$$

假定一个可修系统有$N+1$个状态,其中状态$0,1,\cdots,K$是系统的工作状态,状态$K+1,\cdots,N$是系统的故障状态。记$E=\{0,1,\cdots,N\}, W=\{0,1,\cdots,K\}$和$F=\{K+1,K+2,\cdots,N\}$。令$X(t)$表示时刻$t$该系统处的状态。若已知$\{X(t),t \geqslant 0\}$是一个时齐马尔可夫过程,即满足条件式(2.1)和式(2.2),且在充分小的时间Δt内的转移概率函数满足

$$P_{ij}(\Delta t)=a_{ij} \Delta t+o(\Delta t), \quad i,j \in E, \quad i \neq j \tag{2.6}$$

其中$\{a_{ij}: i,j \in E, i \neq j\}$是给定的,并且$a_{ij} \geqslant 0$。

2.2.2　二元决策图

决策图是分析可修PMSs任务成功性建模和计算的经典方法之一。二元决

策图(Binary Decision Diagram，BDD)是布尔函数基于香农分解的一种简化图形表现形式，图中的变量的取值只有 0 和 1，对故障树分析的求解割集和计算顶事件发生概率等都非常有效。相对布尔函数的其他描述方法，用 BDD 来表示布尔函数所占用的储存空间较少，可以极大地提高模型检验的系统规模。

香农分解是应用 BDD 的基础。假设 f 是变量集 $X(X \in B^n)$ 的布尔表达式，x 是集合 X 中的一个变量，则 f 的香农分解表达式为

$$f = x \cdot f_{x=1} + \bar{x} \cdot f_{x=0} \tag{2.7}$$

式(2.7) 的 BDD 形式如图 2.1 所示。

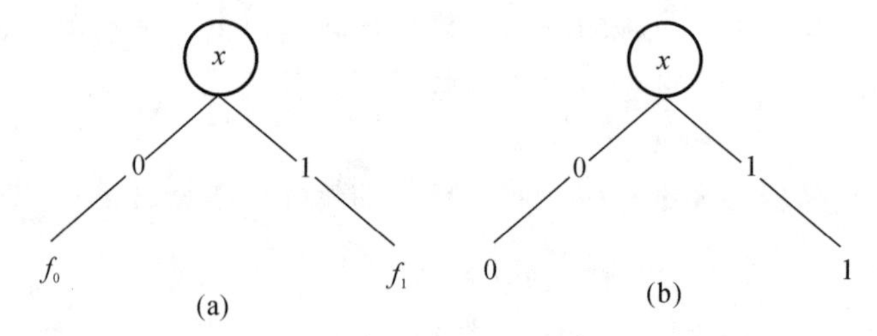

图 2.1　BDD 模型

为了更简明地表达香农分解式，用 if then else(ite) 格式定义为

$$f = \text{ite}(x, F_1, F_2) \equiv x \cdot F_1 + \bar{x} \cdot F_2 \quad (F_1 \equiv f_{x=1}, F_2 \equiv f_{x=0}) \tag{2.8}$$

BDD 是基于香农分解的有向无环图，即图中的路径都有方向且没有循环。从结构上讲，BDD 由根节点、终节点和中间节点构成。BDD 有两个终节点，即 0 和 1，在 PMS 中分别代表着整个任务和各阶段成功或失败，根据事件定义不同而不同。每一个非终节点代表着一个布尔变量(Boolean variable)x 并且有两条输出边，分别代表香农分解中的两个表达式。这两条边又被称为或边(else-edge)和与边(then-edge)。

(1)被与边连接的节点代表式(2.7)中当 $x=1$：$f_{x=1}$时的布尔表达式；

(2)被或边连接的节点代表式(2.7)中当 $x=0$：$f_{x=0}$时的布尔表达式。

BDD 中的每一个非终节点都可以用 ite 格式来编码。BDD 的重要特点就是 $x \cdot f_{x=1}$和 $\bar{x} \cdot f_{x=0}$具有不相交的性质。

布尔变量按照升序或降序排列的二元决策图称为有序二元决策图(Ordered Binary Decision Diagram，OBDD)。OBDD 根节点到终节点的路径中其变量的排序也按照升序或降序排列。当一个 OBDD 中不含同形结构且节点的两条输出边指向不同节点时，称这样的 OBDD 为简化的有序二元决策图(Reduced and Ordered BDD，ROBDD)。

在实际中常用的是 ROBDD。在生成 ROBDD 之前需要给每个布尔变量赋

予索引值(index),并选择布尔变量的排序方式,布尔变量的索引值和排序方式在生成 ROBDD 的过程中不能发生改变。例如,$\text{index}(x_i)<\text{index}(x_j)$表示在变量的排序中 x_j 在 x_i 之后。图 2.2 为两个布尔表达式的 ROBDD。

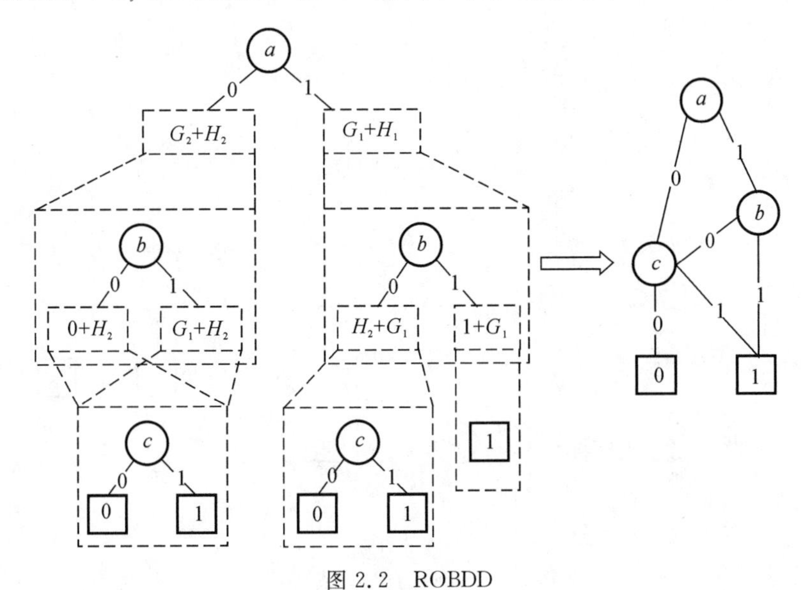

图 2.2　ROBDD

(a)$g=a\cdot c+b\cdot c$；(b)$h=a\cdot b+c$

以图 2.2(a)为例,首先,g 可以用两个模块的逻辑关系表示为 $g=a\cdot G_1+\bar{a}\cdot G_2$。其中,$G_1=c\cdot 1+\bar{c}\cdot 0=c$,$G_2=b\cdot G_1+\bar{b}\cdot 0=b\cdot G_1$,由此可得 $g=a\cdot c+\bar{a}\cdot b\cdot c=c\cdot(a+\bar{a}\cdot b)=c\cdot(a+b)=a\cdot c+b\cdot c$。

BDD 是布尔表达式的图形化。在实际中,BDD 是通过布尔变量之间的逻辑运算生成的,而不是通过香农展开式直接生成的。

设布尔函数 g、h 为

$$g=\text{ite}(x,g_{x=1},g_{x=0})=\text{ite}(x,G_1,G_2) \tag{2.9}$$

$$h=\text{ite}(y,h_{y=1},h_{y=0})=\text{ite}(y,H_1,H_2) \tag{2.10}$$

则 g、h 的 BDD 逻辑运算规则为

$$\text{ite}(x,G_1,G_2)\Diamond\text{ite}(y,H_1,H_2)=\begin{cases}\text{ite}(x,G_1\Diamond H_1,G_2\Diamond H_2),\text{index}(x)=\text{index}(y)\\ \text{ite}(x,G_1\Diamond h,G_2\Diamond h),\text{index}(x)<\text{index}(y)\\ \text{ite}(y,g\Diamond H_1,g\Diamond H_2),\text{index}(x)>\text{index}(y)\end{cases} \tag{2.11}$$

式中:◇代表任意逻辑运算。式(2.11)的子布尔函数重复使用上述运算规则,直到其中一个表达式变成常数表达式(0 和 1)为止。

图 2.2 中的两个布尔表达式的逻辑"或"运算的操作如图 2.3 所示。并且在此运算的操作过程中运用了两次简化。

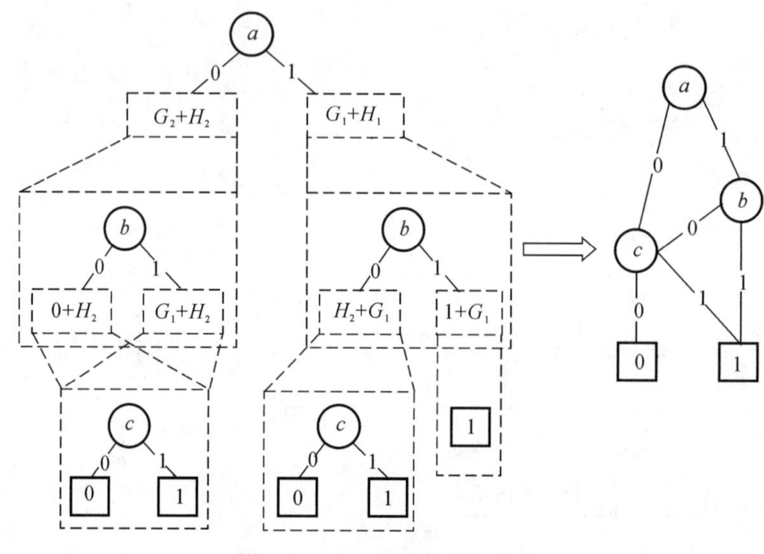

图 2.3　BDD 的逻辑"或"运算

2.2.3　多态多值决策图

BDD 本质上是布尔逻辑函数的图形表示，而多态多值决策图(Multi-state Multi-valued Decision Diagram, MMDD)是 BDD 的多态扩展形式，非终节点在 MMDD 中可以有多于两条的单向边，每条单向边代表了系统中部件的一种状态，然而非终节点在 BDD 中有且只有两条代表部件状态的单向边。MMDD 是基于多态逻辑函数的香农分解的有向无环图(Directed Acyclic Graph, DAG)，并广泛应用于多态系统的可靠性分析。

系统的每一个状态都会产生一个 MMDD，在一个 MMDD 中，终节点有且只有两个，代表系统处于/不处于一个指定状态，分别用 1/0 标示；而代表多值变量(以 x_A 为例)的非终节点 A 的 M_A+1 条单向边分别对应 x_A 该部件的不同状态，例如，$x_A=i$ 表示这个非终节点代表的部件 A 处于状态 i。

借鉴 BDD 运算中表示布尔函数的 ite 表达式，为了更清楚地描述 MMDD 的逻辑运算，定义逻辑表达式 F 的 case 格式来表示一个多状态系统，并且该系统的部件有 n 个状态$(1,2,\cdots,n)$：

$$F=A_1\cdot F_{x_A=1}+A_2\cdot F_{x_A=2}+\cdots+A_n\cdot F_{x_A=n}=$$
$$\text{case}(A,F_{x_A=1},F_{x_A=2},\cdots,F_{x_A=n})=\text{case}(A,F_1,F_2,\cdots,F_n) \tag{2.12}$$

图 2.4(a)是 F 函数 case 表达式的 MMDD 形式。图 2.4(b)是一个基本事件 A_i 的 MMDD 模型且该部件 A 处于状态 i。

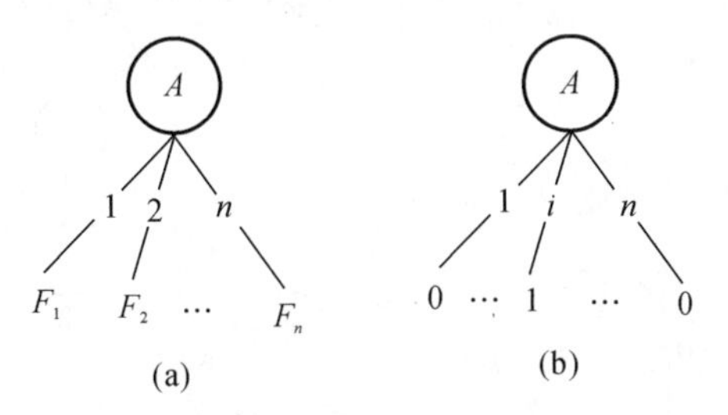

图 2.4　MMDD 模型

(a)MMDD 的通常形式；　(b)表示基本事件的 MMDD

类似于有序的二元决策图(OBDD),Xing 定义了有序多元多值决策图(Ordered MMDD, OMMDD),OMMDD 要求各变量是有序排列的,且在 OMMDD 中的每个源节点到终节点的路径上的变量要按升序排列。此外,降序多元多值决策图(Reduced OMMDD)是一种每个节点代表一个不同的逻辑表达式的 OMMDD。

设两个子 OMMDD 的布尔表达式 G、H 为

$$\left.\begin{aligned}G&=\text{case}(x,G_{x=F_1},\cdots,G_{x=F_n})=\text{case}(x,G_1,\cdots,G_n)\\H&=\text{case}(y,G_{y=F_1},\cdots,G_{y=F_n})=\text{case}(y,H_1,\cdots,H_n)\end{aligned}\right\} \tag{2.13}$$

则 G、H 的 MMDD 逻辑运算规则为

$$G\diamondsuit H=\text{case}(x,G_1,\cdots,G_n)\diamondsuit\text{case}(y,H_1,\cdots,H_n)=$$
$$\begin{cases}\text{case}(x,G_1\diamondsuit H_1,\cdots,G_n\diamondsuit H_n),\text{index}(x)=\text{index}(y)\\\text{case}(x,G_1\diamondsuit H,\cdots,G_n\diamondsuit H),\text{index}(x)<\text{index}(y)\\\text{case}(y,G\diamondsuit H_1,\cdots,G\diamondsuit H_n),\text{index}(x)>\text{index}(y)\end{cases} \tag{2.14}$$

式中:◇表示任意逻辑运算。其规则如图 2.5 所示。

每条从根节点到终节点的路径都代表一个系统的部件状态组合。如果一条路径是从一个节点指向它的 i 边,那么该路径表示部件的状态 i。系统处于状态 S_j 的概率等于从根节点到终节点“1”的所有路径的概率总和。如图 2.5(a)所示,评估 MMDD 的递归算法为

$$P_{S_j}(f)=p_{A,1}(t)\cdot P_{S_j}(F_1)+p_{A,2}(t)\cdot P_{S_j}(F_2)+\cdots+p_{A,n}(t)\cdot P_{S_j}(F_n) \tag{2.15}$$

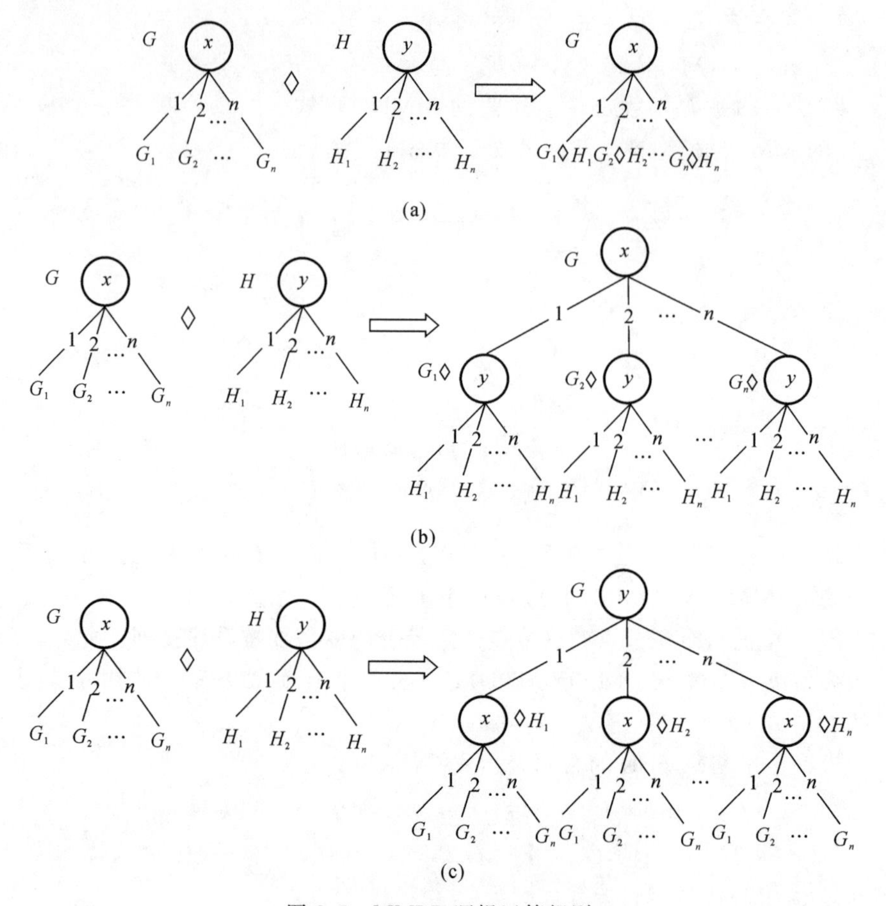

图 2.5　MMDD 逻辑运算规则

(a)规则 1[index(x)=index(y)]；　(b)规则 2[index(x)<index(y)]；　(c)规则 3[index(x)>index(y)]

2.3　基于决策图和马尔可夫过程的可修系统层次模型

2.3.1　基于 BDD 和马尔可夫过程的层次模型

BDD 可以直观地反映出函数的逻辑结构，与其他方法相比，BDD 在表示布尔表达式时，占用的空间最小，具有较高的计算效率。马尔可夫过程可以很好地解决部件或系统不同状态之间转移的问题，即可以解决部件或者系统失效与失效后修复完好的问题。因此，本书针对二态可修系统任务成功性评估的问题，提出一种基于 BDD 和马尔可夫过程的层次模型。

在层次模型中，处于下层的部件用连续时间马尔可夫链描述，其可以对部件复杂的失效/修复行为进行建模。在上层，用 BDD 表示该任务系统的结构函数。

例如，对于结构函数为 $\Phi=(a+b)\cdot(a\cdot b)$ 的任务系统，其系统层面的 BDD 如图 2.6 所示。而在其部件层，部件 a 在整个阶段任务过程中的状态变化可以用其状态转移图表示出来，如图 2.7 所示。

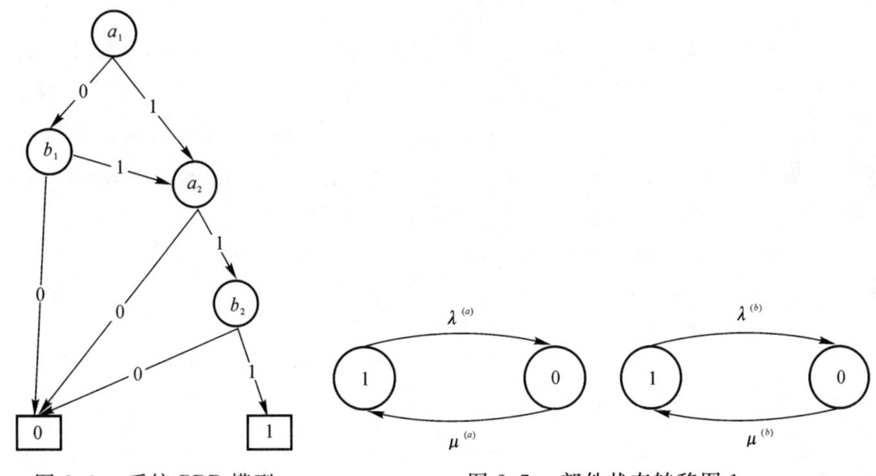

图 2.6　系统 BDD 模型　　　　图 2.7　部件状态转移图 1

假设 B 是结构函数为 Φ 的装备系统的 MMDD，B 中从根节点到终节点 1 的每条路径 Π 都可以用一些布尔变量的乘积表示出来。假设路径总共有 n_B 条，则该任务成功性的概率为

$$R=\Pr\{\Phi=1\}=\Pr\{\Pi_1+\Pi_2+\cdots+\Pi_{n_B}=1\}=\sum_{j=1}^{n_B}\Pr\{\Pi_j=1\} \tag{2.16}$$

路径通过深度优先搜索(Depth First Search，DFS)的方法在 MMDD 中枚举出。

一条路径 Π 可能包含在不同阶段代表同一部件的相互关联的布尔变量。为了计算每条路径的概率，基本方法是计算每一组关联变量的联合概率，然后将不同部件的关联概率相乘以得到路径 $\Pi=1$ 的概率，最后通过式(2.16)计算得到任务成功概率。

2.3.2 基于MMDD和马尔可夫过程的层次模型

对于部件有多个状态的多态系统任务成功性评估问题，MMDD相比于BDD具有较小的模型规模和较少的多值变量，在建模和可靠性计算中也具有较低的计算复杂度。

本书针对多态可修系统任务成功性评估的问题，采用一种基于MMDD和马尔可夫过程的层次模型。在上层系统层面，用MMDD模型来表示系统结构函数以及部件状态。在下层部件层面，用马尔可夫模型描述部件状态之间的依赖和转换。

例如，某任务系统有a、b两个部件，其中a部件有0、1、2三种状态，b部件有0、1两种状态，状态1、2是部件a的运行状态，0是其失效状态，状态1是部件b的运行状态，0是其失效状态。若r_{ij}表示部件r在i阶段处于状态j，则结构函数为$\Phi=(a+b)\cdot(a\cdot b)$的MS-PMS在系统层面可用图2.8所示的MMDD表示，部件层面的状态转移可用图2.9所示的状态转移图表示。

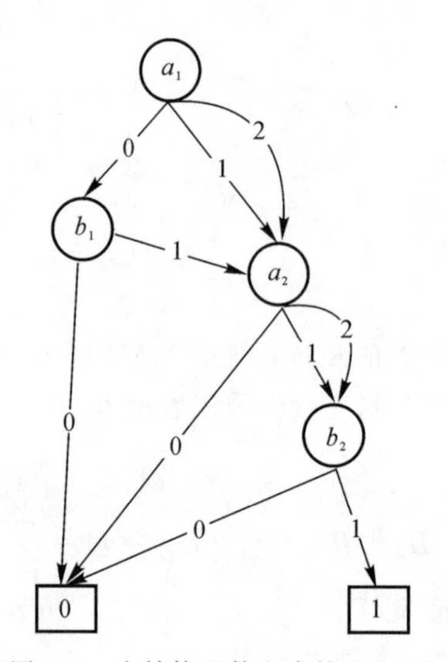

图2.8 由结构函数生成的MMDD

建立模型后的计算方法同2.3.1节相似，基本方法是计算每一组关联变量的联合概率，然后将不同部件的关联概率相乘以得到路径的概率，最后计算得到任务成功概率。

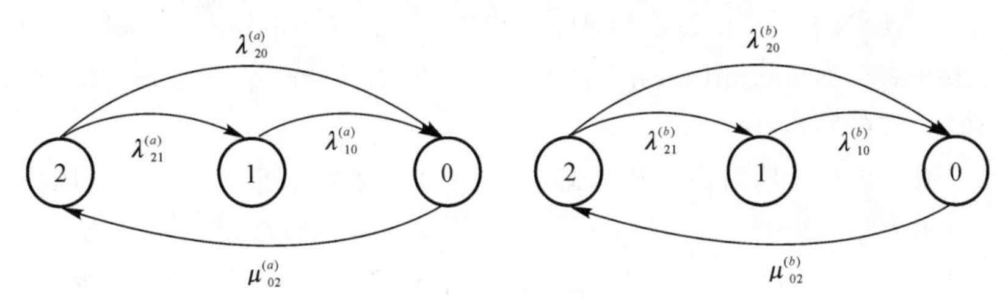

图 2.9　部件状态转移图 2

2.4　参考文献

[1] LEVITIN G, XING L, DAI Y. Cold standby systems with imperfect backup[J]. IEEE Transactions on Reliability, 2016, 65(4):1798－1809.

[2] PENG R, ZHAI Q, XING L, et al. Reliability analysis and optimal structure of series-parallel phased-mission systems subject to fault level coverage[J]. IIE Transactions, 2016, 48(8):736－746.

[3] YU H, YANG J, LIN J, et al. Reliability evaluation of non-repairable phased-mission common bus systems with common cause failures[J]. Computers & Industrial Engineering, 2017,111:445－457.

[4] XING L, DUGAN J B. Analysis of generalized phased mission system reliability, performance and sensitivity [J]. IEEE Transactions on Reliability, 2002, 51(2):199－211.

[5] TRIVEDI K S. Probability and statistics with reliability, queuing, and computer science applications [M]. New York: John Wiley and Sons,2001.

[6] SMOTHERMAN M K, ZEMOUDEH K. A non-homogeneous Markov model for phased-mission reliability analysis[J]. IEEE Transactions on Reliability, 1989, 38(5):585－590.

[7] DUGAN J B. Automated analysis of phased-mission reliability[J]. IEEE Transactions on Reliability, 1991, 40(1):45－52.

[8] ZANG X, SUN H, TRIVEDI K S. A BDD-based algorithm for reliability analysis of phased-mission systems[J]. IEEE Transactions on Reliability, 1999,1(1):1－5.

[9] TILLMAN F A, LIE C H, HWANG C L. Simulation model of mission effectiveness for military systems[J]. IEEE Transactions on Reliability, 1978,27(3):191-194.

[10] 张涛. 装备使用阶段维修保障能力评估建模与分析[D]. 长沙:国防科学技术大学, 2004.

[11] MESHKAT L, XING L, DONOHUE S, et al. An overview of the phase modular fault tree approach to phased-mission system analysis [J]. Space, 2003,1(1):1-3.

[12] YONG O, DUGAN J B. Modular solution of dynamic multi-phase systems[J]. IEEE Transactions on Reliability, 2004, 53(4):499-508.

[13] WANG D, TRIVEDI K S. Reliability analysis of phased-mission system with independent component repairs[J]. IEEE Transactions on Reliability, 2007, 56(3):540-551.

[14] 段珊. 二元决策图的排序优化及故障树转化方法的研究[D]. 长沙:中南大学, 2008.

[15] BRYANT R. Graph based algorithms for Boolean function manipulation[J]. IEEE Transactions on Computers, 1986, C-35(8):677-691.

[16] SHRESTHA A, XING L, COIT D W. Multi-state component importance analysis using multi-state multi-valued decision diagrams [C]//The Proceedings of the 2011 IEEE 9th International Conference on Reliability, Maintainability and Safety (ICRMS). Chengdu, China, 2009:99-103.

[17] SHRESTHA A, XING L, DAI Y. Decision diagram based methods and complexity analysis for multi-state systems [J]. IEEE Transactions on Reliability, 2010, 59(1): 145-161.

[18] XING L, DAI Y. A new decision-diagram-based method for efficient analysis on multistate systems[J]. Dependable and Secure Computing, IEEE Transactions on, 2009, 6(3):161-174.

第3章　二态可修系统任务成功性评估方法

3.1　二态可修的单阶段任务系统

3.1.1　问题描述与假设

单阶段任务系统是指通常在同一种环境条件或操作应力下完成具有特定任务需求的一类系统。本节基于BDD和马尔可夫过程的层次模型讨论二态可修单阶段任务系统的任务成功性,并针对此系统的任务成功性评估方法做出如下假设:

(1)系统包含 n 个可修复的同型部件和 K 个修理设备,其中 $1 \leqslant K \leqslant n$;

(2)系统中的部件只有工作和故障两种状态;

(3)各部件的故障时间服从参数为 λ 的指数分布,故障后的修理时间服从参数为 μ 的指数分布;

(4)系统中的部件相互独立,且故障部件可通过一定的方法修复如新;

(5)每个修理设备每次只能维修一个故障部件,换句话说,当有 K 个故障部件时,则 $K-1$ 个故障部件一定处于待修状态;

(6)在修理设备修好故障部件后,应立即修理其他的待修部件。

若将系统的状态按照处于在修或待修状态的故障部件数量进行分类,则可修系统的状态空间为:

状态0:系统中没有处于在修或待修状态的部件;

状态1:系统中有1个处于在修或待修状态的部件;

⋮

状态 n:系统中有 n 个处于在修或待修状态的部件。

因此,该系统具有 $n+1$ 个不同的状态。若系统在 t 时刻含有 j 个在修或待修的部件,则表示为 $X(t)=j$,其中 $j \in \{0,1,\cdots,n\}$。

3.1.2 任务成功性评估模型

根据系统状态的定义,由二态部件组成的系统包含 $n+1$ 个状态。t 时刻系统的状态不仅取决于同一时刻的部件状态,还与系统结构紧密相关。下面分别以典型的串联系统、并联系统和 n 中取 k 系统为例,推导系统的任务成功性计算方法。

1. 串联系统

在串联系统中,当且仅当一个部件处于故障状态时,系统故障。因此,状态 0 是系统的工作状态,其余 n 个状态都是系统的故障状态。由此可得系统的工作状态空间为 $W=\{0\}$,系统的故障状态空间为 $F=\{1,2,\cdots,n\}$。显然地,$\{X(t),t\geqslant 0\}$是状态空间为 E 的时齐马尔可夫过程。

当系统中至少有一个修理设备,即 $K\geqslant 1$ 时,Δt 时间内不同状态之间的转移概率为

$$\left.\begin{array}{ll} P_{j,j+1}(\Delta t)=n\lambda\Delta t+o(\Delta t), & j=0 \\ P_{j,j-1}(\Delta t)=\mu\Delta t+o(\Delta t), & j=1 \\ P_{jk}(\Delta t)=o(\Delta t), & \text{其他 } j\neq k \\ P_{jj}(\Delta t)=1-P_{j,j+1}(\Delta t)-P_{j,j-1}(\Delta t), & j=0,1 \end{array}\right\} \tag{3.1}$$

根据式(3.1)可得系统的状态转移概率矩阵如下式所示,以及串联系统的状态转移图如图 3.1 所示。

$$\mathbf{A}=\begin{bmatrix} 1-n\lambda & n\lambda \\ \mu & 1-\mu \end{bmatrix}_{2\times 2} \tag{3.2}$$

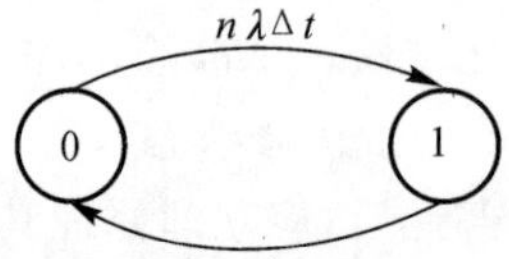

图 3.1　串联系统状态转移图

任务成功概率即为系统从初始状态 0 首次到达状态 1(任务失败状态)的时间大于系统要求的连续工作时间 T 的概率,因此可得

$$P_M=1-(n\lambda-\mu)T \tag{3.3}$$

2. 并联系统

在并联系统中,只要有一个部件处于工作状态,系统即可正常工作。因此,

状态 n 是系统的故障状态，其余状态都是系统的工作状态。由此可得系统的工作状态空间为 $W=\{0,1,\cdots,n-1\}$，系统的故障状态空间为 $F=\{n\}$。显然地，$\{X(t),t\geqslant 0\}$ 是状态空间为 E 的时齐马尔可夫过程。

当系统中至少有一个修理设备，即 $K\geqslant 1$ 时，Δt 时间内不同状态之间的转移概率为

$$\left.\begin{aligned}
&P_{j,j+1}(\Delta t)=(n-j)\lambda\Delta t+o(\Delta t),\quad j=0,1,\cdots,n-1\\
&P_{j,j-1}(\Delta t)=\begin{cases}j\mu\Delta t+o(\Delta t), & j=1,2,\cdots,K\\ K\mu\Delta t+o(\Delta t), & j=K+1,K+2,\cdots,n\end{cases}\\
&P_{j,j}(\Delta t)=\begin{cases}1-[(n-j)\lambda+j\mu]\Delta t+o(\Delta t), & j=1,2,\cdots,K\\ 1-[(n-j)\lambda+K\mu]\Delta t+o(\Delta t), & j=K+1,K+2,\cdots,n\end{cases}\\
&P_{jk}(\Delta t)=o(\Delta t),\quad 其他\ j\neq k
\end{aligned}\right\}\tag{3.4}$$

根据式(3.4)可得系统的状态转移概率矩阵如下式所示，以及系统的状态转移图如图 3.2 所示。

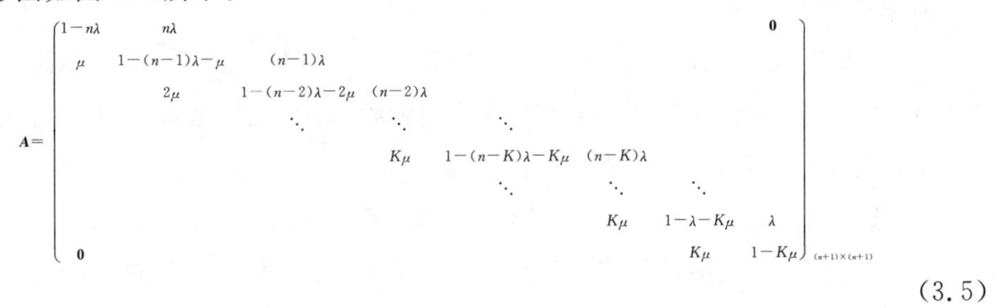

$$\boldsymbol{A}=\begin{pmatrix}
1-n\lambda & n\lambda & & & & & & \boldsymbol{0}\\
\mu & 1-(n-1)\lambda-\mu & (n-1)\lambda & & & & & \\
 & 2\mu & 1-(n-2)\lambda-2\mu & (n-2)\lambda & & & & \\
 & & \ddots & \ddots & \ddots & & & \\
 & & & K\mu & 1-(n-K)\lambda-K\mu & (n-K)\lambda & & \\
 & & & & \ddots & \ddots & \ddots & \\
 & & & & & K\mu & 1-\lambda-K\mu & \lambda\\
\boldsymbol{0} & & & & & & K\mu & 1-K\mu
\end{pmatrix}_{(n+1)\times(n+1)}\tag{3.5}$$

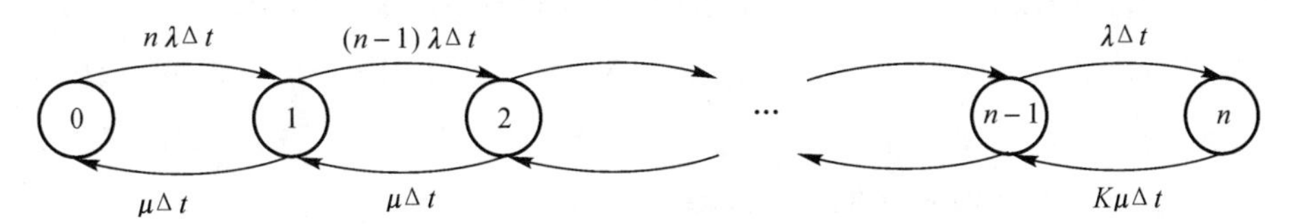

图 3.2　并联系统状态转移图

设 $f_{0,n}(t)$ 表示系统从初始状态 0 首次到达状态 n(任务失败状态)的分布密度，根据参考文献[3]中给出的最初达到时间的相关定理，可以得到

$$f_{0,n}(t)=\sum_{i=1}^{n}\frac{\prod_{m=1}^{n-1}m\lambda}{\prod_{j=1,j\neq i}^{n}(x_j-x_i)}\mathrm{e}^{-x_i t}\tag{3.6}$$

式中：x_i 为多项式 $L_{i+1}(x)$ 的零点，$L_{i+1}(x)$ 的多项式递推关系化为

$$\begin{cases} L_0(x) = 1 \\ L_1(x) = x + n\lambda \\ \vdots \\ L_{i+1}(x) = [x + \kappa_i + (n-i)\lambda]L_i(x) - \kappa_i(n-i+1)\lambda L_{i-1}(x) \end{cases}$$

其中：$\kappa_i = \begin{cases} i\mu, & 1 \leqslant i < K \\ K\mu, & K \leqslant i \leqslant n \end{cases}$。

因此，系统的任务成功概率为

$$P_M = 1 - P(t < T) = 1 - \int_0^T f_{0,n}(t) = 1 - \int_0^T \sum_{i=1}^{n} \frac{\prod_{m=1}^{n-1} m\lambda}{\prod_{j=1,j\neq i}^{n}(x_j - x_i)} e^{-x_i t} \tag{3.7}$$

3. 表决系统

在 $k/n(G)$ 表决系统中，当至少有 $k(1 \leqslant k \leqslant n)$ 个部件正常工作时，系统正常工作。当系统中有 $n-k+1$ 个部件发生故障时，系统故障，需要修理。此时，需要对故障部件进行修理，在修理过程中，没有发生故障的 $k-1$ 个部件停止工作，不再发生故障，直到被修理的部件恢复正常，系统重新进入工作状态。

因此，若按照系统的故障部件数来划分系统状态，则系统的状态空间可表示为 $E=\{0,1,\cdots,n-k+1\}$。其中，系统的工作状态空间为 $W=\{0,1,\cdots,n-k\}$，系统的故障状态空间为 $F=\{n-k+1\}$。$X(t)=j$ 表示时刻 t 系统有 j 个故障的部件(包括正在修理的部件)，其中，$j=0,1,\cdots,n-k+1$。显然地，$\{X(t),t \geqslant 0\}$ 是状态空间为 E 的时齐马尔可夫过程。

当系统中只有一个修理设备，即 $K=1$ 时，表决系统在 Δt 时间内不同状态之间的转移概率为

$$\left.\begin{aligned} &P_{j,j+1}(\Delta t) = (n-j)\lambda\Delta t + o(\Delta t), \quad j = 0,1,\cdots,n-k \\ &P_{j,j-1}(\Delta t) = \mu\Delta t + o(\Delta t), \quad j = 1,2,\cdots,n-k+1 \\ &P_{jj}(\Delta t) = 1 - [(n-j)\lambda + \mu]\Delta t + o(\Delta t), \quad j = 0,1,\cdots,n-k+1 \\ &P_{jk}(\Delta t) = o(\Delta t), \quad \text{其他 } j \neq k \end{aligned}\right\} \tag{3.8}$$

根据式(3.8)可得系统的状态转移概率矩阵如下式所示，以及系统的状态转移图如图3.3所示。

$$
\boldsymbol{A}=\begin{pmatrix}
1-n\lambda & n\lambda & & & & & \boldsymbol{0} \\
\mu & 1-(n-1)\lambda-\mu & (n-1)\lambda & & & & \\
 & \mu & 1-(n-2)\lambda-\mu & (n-2)\lambda & & & \\
1 & & & & & & \\
 & & \ddots & \ddots & \ddots & & \\
 & & & & \mu & 1-k\lambda-\mu & k\lambda \\
\boldsymbol{0} & & & & & \mu & 1-\mu
\end{pmatrix}_{(n-k+1)\times(n-k+1)}
\tag{3.9}
$$

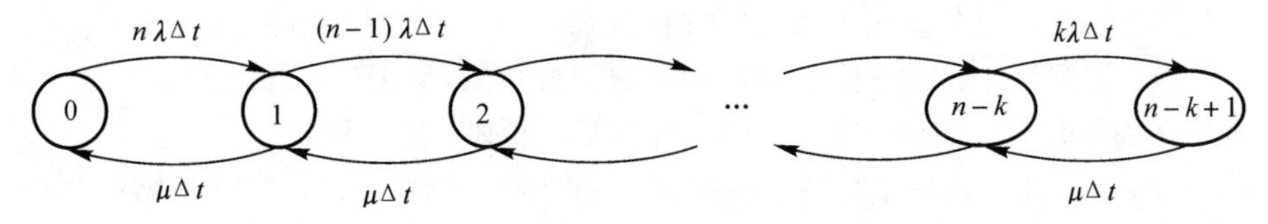

图 3.3　$k/n(G)$ 表决系统状态转移图

针对 $k/n(G)$ 表决系统，$f_{0,n-k+1}(t)$ 的计算方法为

$$
f_{0,n-k+1}(t)=\sum_{i=1}^{n-k+1}\frac{\prod_{m=k}^{n}m\lambda}{\prod_{j=1,j\neq i}^{n-k+1}(x_j-x_i)}\mathrm{e}^{-x_i t}
\tag{3.10}
$$

因此，系统的任务成功概率为

$$
P_M=1-P(t<T)=1-\int_0^T f_{0,n-k+1}(t)=1-\int_0^T\sum_{i=1}^{n-k+1}\frac{\prod_{m=k}^{n}m\lambda}{\prod_{j=1,j\neq i}^{n-k+1}(x_j-x_i)}\mathrm{e}^{-x_i t}
\tag{3.11}
$$

3.2　二态可修的多阶段任务系统

3.2.1　问题描述与假设

随着航空器、计算机通信、自动驾驶等系统自动化程度的不断提高，系统需要连续执行越来越多的任务，单一阶段的系统模型已经无法准确描述跨阶段相关性。同时，系统在各个阶段的应力水平及性能需求差异构成了不同的系统配置和结构函数，使 PMS 的可靠性建模相比单阶段任务系统更加具有挑战性。

PMS根据系统及其部件所呈现出的状态类型数量，被分为二态多阶段任务系统和多态多阶段任务系统。本节主要讨论部件可修的二态多阶段任务系统评估方法，针对该系统做出如下假设：

(1) 系统 S 中包含 n 个部件，c_j 表示系统中编号为 j 的部件且$j \in \{1,2,\cdots,n\}$；

(2) 系统和部件均只有 0/1 两种状态，其中 1 是运行状态，0 是故障状态；

(3) 部件故障时间和故障后的维修时间都服从指数分布；

(4) 任务共包含 p 个阶段，其中阶段 $i(1 \leqslant i \leqslant p)$ 的持续时间为 T_i；

(5) 如果部件 c_j 在整个任务期间没有出现故障，那么称部件 c_j 是运行状态，否则认为部件 c_j 处于故障状态，即部件在某一阶段 i 发生故障；

(6) 如果部件 c_j 发生故障并在阶段i 完成维修，那么部件 c_j 只能从第$i+1$ 阶段开始使用，即故障部件的维修不影响所处阶段的任务成功性，但有助于下一阶段的任务成功性的提升。

3.2.2　任务成功性评估模型

首先，建立二态部件在每个阶段的可用性模型和可靠性模型的生成矩阵，将其写成分割的形式，分别为

$$\boldsymbol{Q}^{(c_j)} = \begin{matrix} 1 \\ 0 \end{matrix} \begin{bmatrix} -\lambda^{(c_j)} & \lambda^{(c_j)} \\ \mu^{(c_j)} & -\mu^{(c_j)} \end{bmatrix} \tag{3.12}$$

$$\boldsymbol{P}^{(c_j)} = \begin{bmatrix} -\lambda^{(c_j)} & \lambda^{(c_j)} \\ 0 & 0 \end{bmatrix} \tag{3.13}$$

式中：$\boldsymbol{Q}^{(c_j)}$ 表示部件 c_j 可用性模型的生成矩阵；$\lambda^{(c_j)}$ 是部件 c_j 的故障率；$\mu^{(c_j)}$ 是部件 c_j 的维修率；$\boldsymbol{P}^{(c_j)}$ 表示部件 c_j 可靠性模型的生成矩阵，相比于 $\boldsymbol{Q}^{(c_j)}$，在 $\boldsymbol{P}^{(c_j)}$ 中没有从故障状态到其他状态的转移，即在可靠性模型中不考虑故障部件的修理。

根据式(3.12) 和式(3.13)，构建二态部件在各个阶段的状态转移矩阵，即

$$\left.\begin{aligned} \boldsymbol{E}_i^{(c_j)} &= \mathrm{e}^{\boldsymbol{Q}^{(c_j)} T_i} \\ \boldsymbol{U}_i^{(c_j)} &= \mathrm{e}^{\boldsymbol{P}^{(c_j)} T_i} \cdot \begin{bmatrix} 1 & 0 \\ 0 & 0 \end{bmatrix} \\ \boldsymbol{D}_i^{(c_j)} &= \boldsymbol{E}_i^{(c_j)} - \boldsymbol{U}_i^{(c_j)} \end{aligned}\right\} \tag{3.14}$$

式中：$\boldsymbol{E}_i^{(c_j)}$ 表示部件 c_j 在阶段 i 的概率转移矩阵，$\boldsymbol{E}_i^{(c_j)}$ 中的第(k_1,k_2)个元素表示当已知部件 c_j 在阶段i 初始时刻的状态为k_1 时，该部件在阶段 i结束时处于状态 k_2 的概率；$\boldsymbol{U}_i^{(c_j)}$ 表示部件 c_j 在阶段 i 保持正常运行状态时的概率转移矩阵，

$\boldsymbol{U}_i^{(c_j)}$ 中的第(k_1,k_2)个元素表示当已知部件 c_j 在阶段i初始时刻的状态为k_1时，该部件在阶段i结束时处于状态k_2且在整个阶段i中保持正常运行的概率；$\boldsymbol{D}_i^{(c_j)}$表示部件 c_j 在阶段i处于故障状态的概率转移矩阵，$\boldsymbol{D}_i^{(c_j)}$ 中的第(k_1,k_2)个元素表示当已知部件 c_j 在阶段i初始时刻的状态为k_2时，该部件在阶段i结束时处于状态 k_1 且在阶段 i 中发生故障的概率。

在已知 PMS 中各部件状态转移概率矩阵后，需要构建部件的故障模型。首先讨论多阶段任务中单个部件在各个阶段的故障情况，用 $b_i^{(c_j)}$ 表示部件 c_j 在阶段 i 的状态，即

$$b_i^{(c_j)}=\begin{cases}1, & c_j\text{ 在阶段 } i \text{ 处于运行状态}\\ 0, & c_j \text{ 在阶段 } i \text{ 处于失效状态}\\ x, & \text{不关心 } c_j \text{ 在阶段 } i \text{ 的状态}\end{cases} \tag{3.15}$$

鉴于上述定义，每个部件在所有任务阶段的联合概率为

$$\Pr\{b_1^{(c_j)}=s_1,b_2^{(c_j)}=s_2,\cdots,b_p^{(c_j)}=s_p\} \tag{3.16}$$

式中：$s_i(1\leqslant i\leqslant p)$ 的值为 0、1 或 x。

假设部件在前一阶段末的状态与后一阶段初的状态相同，即部件 c_j 在阶段i开始时刻的概率矢量为 $\boldsymbol{v}_{i-1}^{(c_j)}$（$\boldsymbol{v}_0^{(c_j)}$ 是任务初始时刻的概率矢量），则部件 c_j 在阶段 i 结束时刻的概率矢量为

$$\boldsymbol{v}_i^{(c_j)}=\boldsymbol{v}_{i-1}^{(c_j)}\cdot \mathrm{e}^{\boldsymbol{Q}^{(c_j)}T_i}=\boldsymbol{v}_{i-1}^{(c_j)}\cdot \boldsymbol{E}_i^{(c_j)} \tag{3.17}$$

式中：T_i 是阶段 i 的持续时间。

同理，部件 c_j 在阶段 i 中保持正常运行的概率矢量可通过其可靠性生成矩阵获得，即

$$\boldsymbol{u}_i^{(c_j)}=\boldsymbol{v}_{i-1}^{(c_j)}\cdot \mathrm{e}^{\boldsymbol{P}^{(c_j)}T_i}\cdot\begin{bmatrix}1&0\\0&0\end{bmatrix}=\boldsymbol{v}_{i-1}^{(c_j)}\cdot \boldsymbol{U}_i^{(c_j)} \tag{3.18}$$

式中：$\boldsymbol{u}_i^{(c_j)}$ 的第k个元素表示部件c_j在阶段i中始终保持运行状态且在第i阶段结束时处于状态 k 的概率。因此，部件 c_j 在阶段 i 的可靠性可以通过下式计算得到：

$$R_i^{(c_j)}=\boldsymbol{u}_i^{(c_j)}\cdot \boldsymbol{1}^{\mathrm{T}} \tag{3.19}$$

式中：$\boldsymbol{1}^{\mathrm{T}}$ 是一个 2×1 的单位列向量。

根据 $\boldsymbol{v}_i^{(c_j)}$ 和 $\boldsymbol{u}_i^{(c_j)}$ 可得部件c_j在阶段i中发生故障的概率矢量为

$$\boldsymbol{d}_i^{(c_j)}=\boldsymbol{v}_i^{(c_j)}-\boldsymbol{u}_i^{(c_j)}=\boldsymbol{v}_{i-1}^{(c_j)}\cdot \boldsymbol{D}_i^{(c_j)} \tag{3.20}$$

根据齐次马尔可夫链的无记忆性，部件 c_j 在阶段 i 中是否故障仅仅取决于其在该阶段初始时刻的状态概率矢量，也就是阶段 $i-1$ 结束时刻的状态概率矢量。因此，若已知部件在 p 个阶段的状态值为$s_1,s_2,\cdots,s_p(s_p\in\{0,1\})$，则部件 c_j 的联合概率 $\boldsymbol{p}$ 为

$$\boldsymbol{p}(b_1^{(c_j)}=s_1,b_2^{(c_j)}=s_2,\cdots,b_p^{(c_j)}=s_p)=$$

$$\boldsymbol{v}_0^{(c_j)}\cdot\prod_{i=1}^{p}\boldsymbol{X}_i^{(c_j)}=\boldsymbol{p}(b_1^{(c_j)}=s_1,b_2^{(c_j)}=s_2,\cdots,b_{p-1}^{(c_j)}=s_{p-1})\cdot\boldsymbol{X}_p^{(c_j)} \tag{3.21}$$

式中:矩阵 $\boldsymbol{p}$ 的第$k(1\leqslant k\leqslant 2)$个元素表示部件 c_j 在阶段 p 的结束时刻处于状态 k 的概率;$\boldsymbol{X}_i^{(c_j)}$ 定义为

$$\boldsymbol{X}_i^{(c_j)}=\begin{cases}\boldsymbol{U}_i^{(c_j)}, & s_i=1\\ \boldsymbol{D}_i^{(c_j)}, & s_i=0\\ \boldsymbol{E}_i^{(c_j)}, & s_i=x\end{cases} \tag{3.22}$$

因此,$(b_i^{(c_j)}=s_i,1\leqslant i\leqslant p)$在整个任务期间的联合概率为

$$\Pr\{b_1^{(c_j)}=s_1,b_2^{(c_j)}=s_2,\cdots,b_p^{(c_j)}=s_p\}=\boldsymbol{p}(b_1^{(c_j)}=s_1,b_2^{(c_j)}=s_2,\cdots,b_p^{(c_j)}=s_p)\cdot\boldsymbol{1}^{\mathrm{T}} \tag{3.23}$$

当已知单个部件在多个阶段的失效行为时,需要在系统层面建立结构函数对应的 BDD 模型。BDD 模型的规模与生成顺序紧密相关,生成顺序如果选择不当,BDD 的规模可能会呈指数级增长。因此,BDD 的生成顺序应遵循如下两条规则:

(1)将相同阶段的布尔变量组合在一起;

(2)同一组中的布尔变量可任意排序,不同组之间的排序与阶段排序一致。

例如:假设一个两阶段的 PMS 任务系统,该系统有 A、B、C 三个部件,a_1 和 a_2 是两个布尔变量,分别表示阶段1、2中A的状态。同理,b_1 和 b_2 分别为表示阶段 1、2 中部件 B 的状态的布尔变量,c_1 和 c_2 分别为表示阶段 1、2 中部件 C 的状态的布尔变量,则结构函数 $\Phi=(a_1+b_1+c_1)\cdot(a_2\cdot b_2\cdot c_2)$ 表示的 PMS 的 BDD 如图 3.4 所示。

假设结构函数为 Φ_i 的 i 阶段的BDD为 B_i,整个多阶段任务的BDD为 B。由于 B_i 和 $B_j(i\neq j)$ 没有共同的布尔变量,$\Phi=\bigcap_{i=1}^{p}\Phi_i$,所以 B 可以通过合并 B_1,B_2,…,B_p 得到。将 B_1, B_2,…,B_p 的终节点“0”合并为一个终节点“0”,将 B_i 的终节点“1”和 B_{i+1} 的根节点合并为一个节点。图 3.4 所示的 $\Phi=(a_1+b_1+c_1)\cdot(a_2\cdot b_2\cdot c_2)$ 的 BDD 的合并生成过程如图 3.5 所示。

B 中节点总数为

$$|B|=\sum_{i=1}^{p}|B_i|-2(p-1) \tag{3.24}$$

式中:$|B_i|$ 是 B_i 中节点的个数。

B 中从根节点到终节点“1”的路径总条数 n_B 为

$$n_B = \prod_{i=1}^{p} n_i \tag{3.25}$$

式中：n_i 是 B_i 中从根节点到终节点“1”的路径的条数。

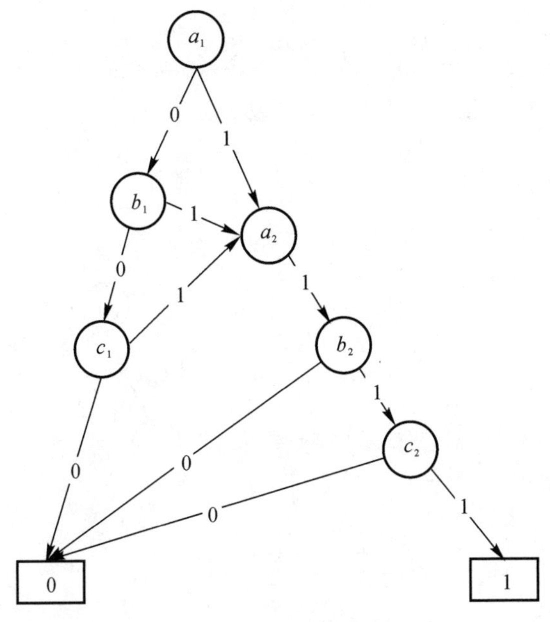

图 3.4　PMS 的 BDD 模型

在根据 PMS 的结构函数建立 BDD 模型后，需要分析部件的阶段相关性。不可修的 PMS 的相关性问题可以用阶段代数来表示，而对于可修的 PMS，其部件在各阶段的相关性更加复杂，因此，假设当建立 BDD 时，能够代表同一部件处于不同阶段的布尔变量是相互独立的，然后在 BDD 计算过程中考虑部件的阶段相关性。

假设 B 是根据结构函数 Φ 生成的某 PMS 的 BDD。B 中从根节点到终节点 1 的每条路径 Π 都可以用一些布尔变量（在 1 边上的布尔变量）的乘积表示出来。假设路径总共有 n_B 条，可通过 DFS 的方法在 BDD 中枚举得出，则 PMS 任务成功性的计算公式为

$$R = \Pr\{\Phi = 1\} = \Pr\{\Pi_1 + \Pi_2 + \cdots + \Pi_{n_B} = 1\} = \sum_{j=1}^{n_B} \Pr\{\Pi_j = 1\} \tag{3.26}$$

一条路径 Π 中可能包含在不同阶段代表同一部件的相互关联的布尔变量。为了准确计算出每条路径的概率，基本方法是用式(3.21) 和式(3.23) 计算每一组关联变量的联合概率，然后将不同部件的关联概率相乘以得到路径 $\Pi=1$ 的概

率。例如，对于图 3.5 中的 BDD，从根节点到终节点 1 的路径有三条：$\Pi_1 = \overline{a_1} b_1 a_2 b_2 c_2$，$\Pi_2 = \overline{a_1}\ \overline{b_1} c_1 a_2 b_2 c_2$，$\Pi_3 = a_1 a_2 b_2 c_2$，则

$$\begin{cases}\Pr\{\Pi_1 = 1\} = \Pr\{a_1 = 0, a_2 = 1\} \cdot \Pr\{b_1 = 1, b_2 = 1\} \cdot \Pr\{c_1 = x, c_2 = 1\} \\ \Pr\{\Pi_2 = 1\} = \Pr\{a_1 = 0, a_2 = 1\} \cdot \Pr\{b_1 = 0, b_2 = 1\} \cdot \Pr\{c_1 = 1, c_2 = 1\} \\ \Pr\{\Pi_3 = 1\} = \Pr\{a_1 = 1, a_2 = 1\} \cdot \Pr\{b_1 = x, b_2 = 1\} \cdot \Pr\{c_1 = x, c_2 = 1\}\end{cases}$$

式中：x 表示部件状态在某阶段与任务成功性不相关。

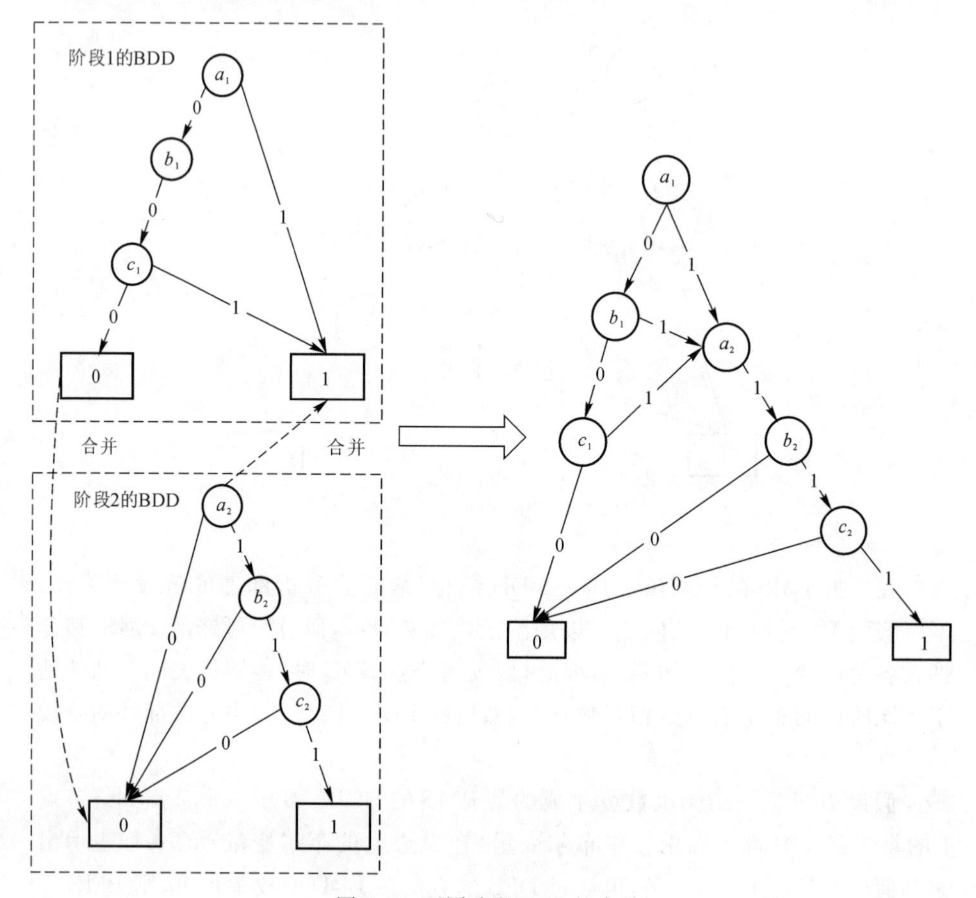

图 3.5　不同阶段 BDD 的合并

在得到 BDD 的所有路径后，PMS 的任务成功性可以由式(3.26)计算得到。

3.2.3　算例研究

假设某系统需要完成一个三阶段任务：整个任务需要三个部件 a、b 和 c 参

与工作，各部件初始概率均为 1。三个阶段任务的时间分别为 T_1、T_2 和 T_3，且第一个阶段需要 a 或 b 至少有一个工作，第二个阶段需要 a 和 c 至少有一个工作，第三个阶段需要 a、b 和 c 同时工作。如果三个阶段的任务都顺利完成，则视为任务成功，因此该三阶段任务系统的结构函数可写为 $\Phi=(a_1+b_1)\cdot(a_2+c_2)a_3b_3c_3$，其中 a_1 代表部件 a 在阶段 1 的状态，b_1、a_2、c_2、a_3、b_3、c_3 与 a_1 的意义相似。

假设“1”代表二态部件正常工作，“0”代表二态部件发生故障。部件 a 的故障时间服从参数为 $\lambda^{(a)}$ 的指数分布，维修时间服从参数为 $\mu^{(a)}$ 的指数分布。相似地：部件 b 的故障时间服从参数为 $\lambda^{(b)}$ 的指数分布，维修时间服从参数为 $\mu^{(b)}$ 的指数分布；部件 c 的故障时间服从参数为 $\lambda^{(c)}$ 的指数分布，维修时间服从参数为 $\mu^{(c)}$ 的指数分布。因此，二态部件 a、b、c 的 CTMC 如图 3.6 所示。

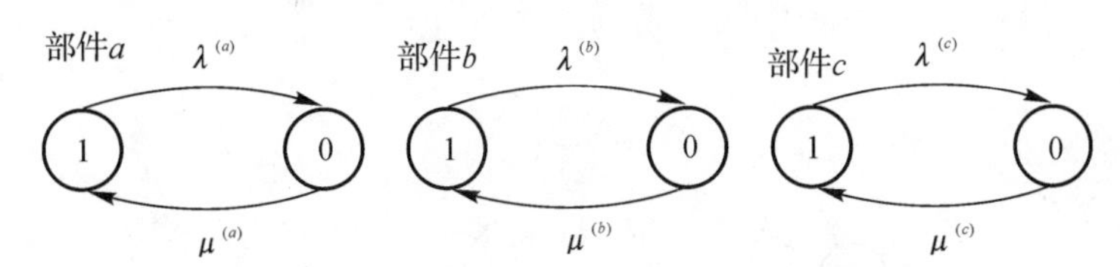

图 3.6　连续时间内部件 a、b、c 的状态转移图

部件 a、b、c 的 $\boldsymbol{Q}$ 矩阵、$\boldsymbol{P}$ 矩阵如下，其中第一列是部件的状态。

$$\boldsymbol{Q}^{(a)}=\begin{matrix}1\\0\end{matrix}\begin{bmatrix}-\lambda^{(a)} & \lambda^{(a)}\\ \mu^{(a)} & -\mu^{(a)}\end{bmatrix},\quad \boldsymbol{P}^{(a)}=\begin{matrix}1\\0\end{matrix}\begin{bmatrix}-\lambda^{(a)} & \lambda^{(a)}\\ 0 & 0\end{bmatrix}$$

$$\boldsymbol{Q}^{(b)}=\begin{matrix}1\\0\end{matrix}\begin{bmatrix}-\lambda^{(b)} & \lambda^{(b)}\\ \mu^{(b)} & -\mu^{(b)}\end{bmatrix},\quad \boldsymbol{P}^{(b)}=\begin{matrix}1\\0\end{matrix}\begin{bmatrix}-\lambda^{(b)} & \lambda^{(b)}\\ 0 & 0\end{bmatrix}$$

$$\boldsymbol{Q}^{(c)}=\begin{matrix}1\\0\end{matrix}\begin{bmatrix}-\lambda^{(c)} & \lambda^{(c)}\\ \mu^{(c)} & -\mu^{(c)}\end{bmatrix},\quad \boldsymbol{P}^{(c)}=\begin{matrix}1\\0\end{matrix}\begin{bmatrix}-\lambda^{(c)} & \lambda^{(c)}\\ 0 & 0\end{bmatrix}$$

表 3.1 给出了算例所需的参数值，假设三个阶段任务的时间相同。由表 3.1 中的参数值，可以得到部件 a、b、c 在各阶段的转移矩阵 $\boldsymbol{E}$、$\boldsymbol{D}$、$\boldsymbol{U}$ 如下：

表 3.1　各参数取值

参　数	$\lambda^{(a)}$	$\mu^{(a)}$	$\lambda^{(b)}$	$\mu^{(b)}$	$\lambda^{(c)}$	$\mu^{(c)}$	$T_1=T_2=T_3$
取值/h	0.001	1	0.005	0.5	0.004	2	1

$$\boldsymbol{E}_1^{(a)}=\boldsymbol{E}_2^{(a)}=\boldsymbol{E}_3^{(a)}=\begin{bmatrix}0.999\,4 & 0.000\,6\\ 0.631\,9 & 0.368\,1\end{bmatrix},\quad \boldsymbol{E}_1^{(b)}=\boldsymbol{E}_2^{(b)}=\boldsymbol{E}_3^{(b)}=\begin{bmatrix}0.996\,1 & 0.003\,9\\ 0.392\,6 & 0.607\,4\end{bmatrix}$$

$$\boldsymbol{E}_1^{(c)}=\boldsymbol{E}_2^{(c)}=\boldsymbol{E}_3^{(c)}=\begin{bmatrix}0.9983 & 0.0017\\0.8635 & 0.1365\end{bmatrix},\quad \boldsymbol{U}_1^{(a)}=\boldsymbol{U}_2^{(a)}=\boldsymbol{U}_3^{(a)}=\begin{bmatrix}0.9990 & 0\\0 & 0\end{bmatrix}$$

$$\boldsymbol{U}_1^{(b)}=\boldsymbol{U}_2^{(b)}=\boldsymbol{U}_3^{(b)}=\begin{bmatrix}0.9950 & 0\\0 & 0\end{bmatrix},\quad \boldsymbol{U}_1^{(c)}=\boldsymbol{U}_2^{(c)}=\boldsymbol{U}_3^{(c)}=\begin{bmatrix}0.9960 & 0\\0 & 0\end{bmatrix}$$

$$\boldsymbol{D}_1^{(a)}=\boldsymbol{D}_2^{(a)}=\boldsymbol{D}_3^{(a)}=\begin{bmatrix}0.0004 & 0.0006\\0.6319 & 0.3681\end{bmatrix},\quad \boldsymbol{D}_1^{(b)}=\boldsymbol{D}_2^{(b)}=\boldsymbol{D}_3^{(b)}=\begin{bmatrix}0.0011 & 0.0039\\0.3926 & 0.6074\end{bmatrix}$$

$$\boldsymbol{D}_1^{(c)}=\boldsymbol{D}_2^{(c)}=\boldsymbol{D}_3^{(c)}=\begin{bmatrix}0.0023 & 0.0017\\0.8635 & 0.1365\end{bmatrix}$$

根据前述 BDD 生成规则，生成该算例的 BDD 如图 3.7 所示。

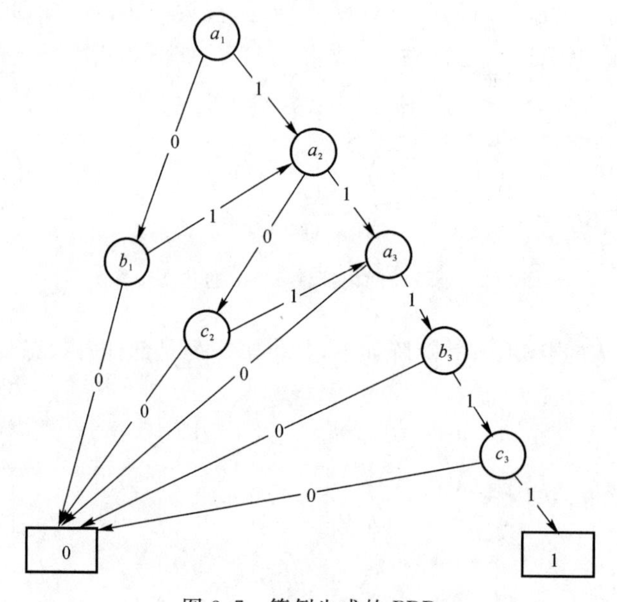

图 3.7　算例生成的 BDD

在生成的 BDD 中搜索从根节点到终节点 1 的路径，总共有 4 条：$\Pi_1=a_1a_2a_3b_3c_3$，$\Pi_2=a_1\overline{a_2}c_2a_3b_3c_3$，$\Pi_3=\overline{a_1}b_1a_2a_3b_3c_3$，$\Pi_4=\overline{a_1}b_1\overline{a_2}c_2a_3b_3c_3$。

$$\Pr\{\Pi_1=1\}=\Pr\{a_1=1,a_2=1,a_3=1\}\cdot\Pr\{b_1=x,b_2=x,b_3=1\}\cdot \Pr\{c_1=x,c_2=x,c_3=1\}$$

$$\Pr\{\Pi_2=1\}=\Pr\{a_1=1,a_2=0,a_3=1\}\cdot\Pr\{b_1=x,b_2=x,b_3=1\}\cdot \Pr\{c_1=x,c_2=1,c_3=1\}$$

$$\Pr\{\Pi_3=1\}=\Pr\{a_1=0,a_2=1,a_3=1\}\cdot\Pr\{b_1=1,b_2=x,b_3=1\}\cdot \Pr\{c_1=x,c_2=x,c_3=1\}$$

$$\Pr\{\Pi_4=1\}=\Pr\{a_1=0,a_2=0,a_3=1\}\cdot\Pr\{b_1=1,b_2=x,b_3=1\}\cdot$$

$$\Pr\{c_1 = x, c_2 = 1, c_3 = 1\}$$

由 3.2.2 节中的式(3.21)和式(3.23)，可计算出每条路径的概率如下：

$$\Pr\{\Pi_1 = 1\} = 0.979\ 9, \quad \Pr\{\Pi_2 = 1\} = 0.000\ 4$$

$$\Pr\{\Pi_3 = 1\} = 0.000\ 4, \quad \Pr\{\Pi_4 = 1\} = 0.000\ 4$$

因此，该系统多阶段任务的成功概率为

$$P_M = \sum_{j=1}^{4} \Pr\{\Pi_j = 1\} = 0.981\ 1$$

3.3　具有可修备件的二态多阶段任务系统

3.3.1　问题描述与假设

除了上述二态单阶段任务系统和二态多阶段任务系统，复杂的 PMS 往往需要考虑可修备件来保证其任务成功性。由于备件可以在部件故障后立即工作，所以为部件准备备件是快速提高任务成功率的关键途径。通过增加备件可以减少执行任务时的维护时间，保证任务以较高的成功率完成。将备件分配给各部件，可以以较低的成本(如备件成本和库存管理成本)提高任务成功概率。该系统在航空、航天、交通、通信等领域有着广泛的应用前景。备件优化分配的第一步是准确评估备件系统的任务成功概率。针对带备件的可修 PMS 任务成功概率问题，本节提出一种集成建模方法。在部件层面，基于马尔可夫链可以得到部件群的状态转移概率矩阵；在系统层面，介绍整个任务的结构功能。

例如，对于由多个多旋翼无人机构成的大型载重系统，将无人机按任务需求分为大小不等的组，其所要运输的物料也分成与组数相同的批次。该载重系统的目的是通过多旋翼无人机成功转移一定数量的物料。在物料转移过程中，某个组中的某个无人机在部分旋翼失效的情况下仍可能正常工作，此时可将该无人机视为一个由旋翼数量决定的具有冗余结构的部件组。每个无人机组中的无人机即为相应阶段所需的多个部件组，相应批次的物料即为该阶段的任务需求。在完成某个阶段任务的过程中，可能需要无人机组中的一个或多个无人机进行工作，此时针对无人机可建立具有 n 中取 k 结构的系统。

本节将具有上述特点的载重系统称为具有可修备件的 PMS，系统的可靠性框图如图 3.8 所示。假设某载重系统通过 5 个多旋翼无人机完成两阶段任务，每个无人机上有 6 个旋翼，当有至少 4 个旋翼工作时，无人机正常工作，则每个无人机是一个 6 中取 4 的部件组。阶段 1 中需要 1、2、3 号无人机中的至少 2 个工作,可抽象为 3 中取 2 系统,阶段 2 中需要 2 号无人机和 3、4、5 号无人机中的至少 2 个工作,可抽象为一个部件组与一个 3 中取 2 系统进行串联的系统。

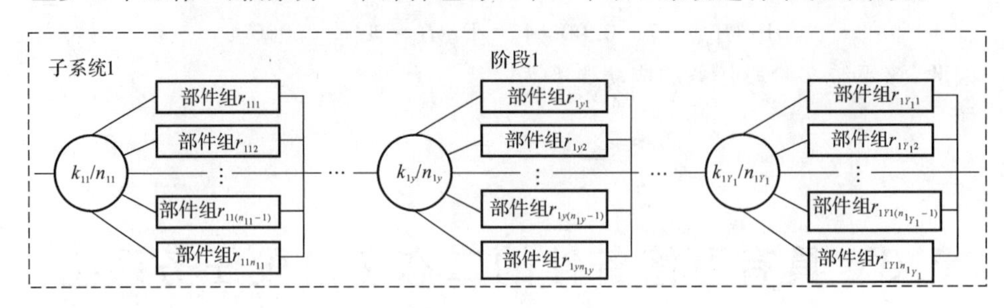

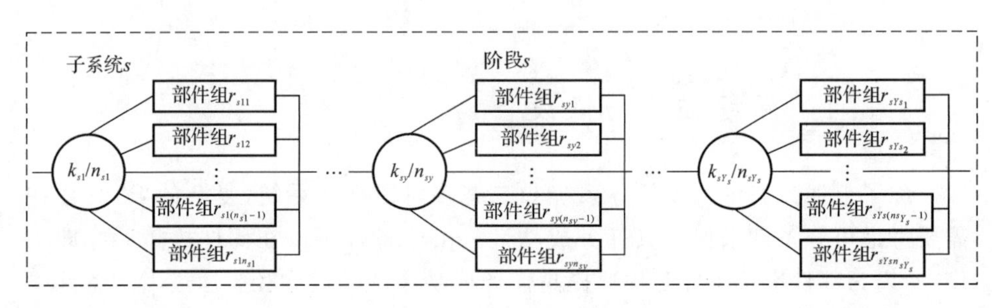

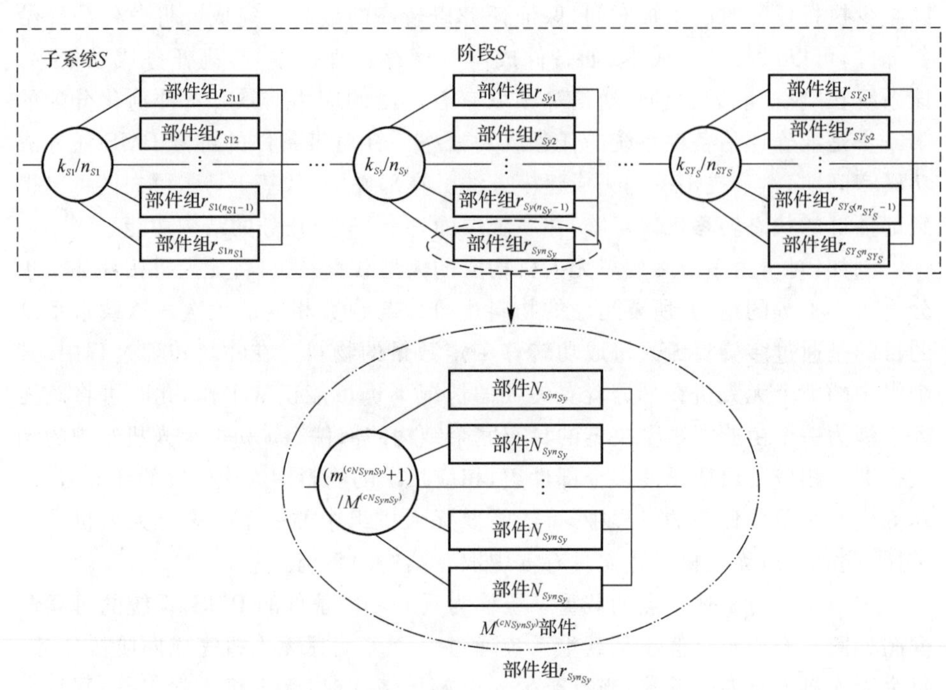

图 3.8　具有可修备件的二态多阶段任务系统分解

针对本节中具有可修备件的 PMS，在进行任务成功性评估前可做出如下假设：

(1) 可修的 PMS 由 N 个部件组组成，部件组形成的集合可由 C 表示，且 $C=\{c_1,c_2,\cdots,c_l,\cdots,c_N\}$，$l=1,2,\cdots,N$；

(2) 每个部件组 l 中包含 $M^{(c_l)}$ 个相同的部件，部件的失效时间和修理时间分别服从参数为 λ_{c_l} 和 μ_{c_l} 的指数分布；

(3) 系统中的所有部件均为二态，即工作和故障两种状态；

(4) 部件组 l 的状态取决于正常工作的部件数，其状态集合可表示为$\{0,1,2,\cdots,m^{(c_l)},\cdots,M^{(c_l)}\}$。当状态值不大于 $m^{(c_l)}$ 时，部件组 l 失效，否则，部件组 l 正常工作，因此，可将部件组 l 视为 $M^{(c_l)}$ 中取$[m^{(c_l)}+1]$ 系统；

(5) 不同部件组中的部件之间相互独立；

(6) 每个部件组只有一个维修设备，因此修复后的部件组状态值增加 1；

(7) 对于任意部件组，前一阶段结束时刻的状态概率即为下一阶段初始时刻的状态概率。

由图 3.8 可得，该 PMS 系统包含 S 个子系统，分别用来满足 S 个阶段的不同任务需求。这些子系统均是由可修部件组构成的 n_{sy} 中取 k_{sy} 系统。其中，又可将部件组 $r_{Syn_{sy}}$ 视为 $M^{(c_{N_{Syn_{Sy}}})}$ 中取 $(m^{(c_{N_{Syn_{Sy}}})}+1)$ 的结构且 $N_{SyN_{Syn_{Sy}}}=\sum_{s=1}^{S-1}\sum_{y=1}^{Y_s}r_{syn_{sy}}+\sum_{u=1}^{y}r_{Sun_{Su}}$。若各个 n_{sy} 中取 k_{sy} 系统在相应阶段均正常工作，则认为任务成功。同理，其他部件组也是 n 中取 k 的结构，n 和 k 的取值取决于部件组的总状态数量和正常工作的状态数量。

3.3.2　任务成功性评估模型

在计算具有可修备件的 PMS 的任务成功性之前，需要明确每个阶段持续的时间、阶段任务的需求、部件组的状态以及部件组的结构。同时，需要分析完成各个子阶段任务的子系统结构。如图 3.9 所示，以某个阶段的子系统结构为例，由该结构可得系统在该阶段工作状态的判断标准，即当部件组 1 和部件组 2、3、4、5 中的任意两个部件组同时工作时，可称系统成功完成了该子阶段的任务。

(1) 建立部件组的状态转移图。假设某部件组 l 具有 $M^{(c_l)}$ 中取$(m^{(c_l)}+1)$结构且含有一个修理设备。部件从低状态值向相邻高状态值转移的概率是 μ_{c_l}，但部件从高状态值 $m^{(c_l)}$ 向相邻低状态值 $m^{(c_l)}-1$ 转移的概率是 $m^{(c_l)}\lambda_{c_l}$，即使两个相邻状态的取值仅相差 1，但部件组的故障转移率取决于部件组正常工作的状态数量，可由式(3.8)得出。在状态转移分析过程中，由于马尔可夫过程不考虑两个及两个以上的状态转移率，所以只考虑相邻状态之间的转移。部件组 l 的状态转移过程如图 3.10 所示。

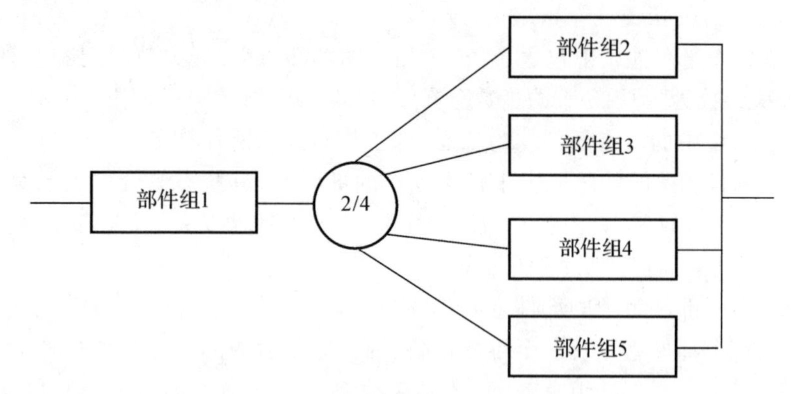

图 3.9　给定阶段的子系统结构示例

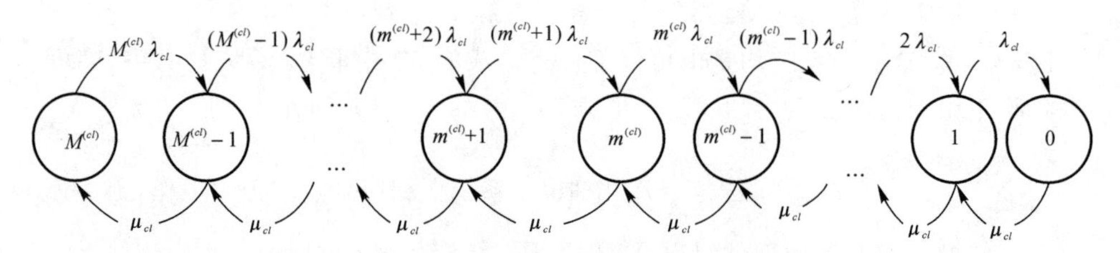

图 3.10　部件组 l 的状态转移过程示意图

(2) 建立部件组的可靠性生成矩阵和可用性生成矩阵。对于阶段 s 中的部件组l，可通过状态转移图建立其可用性生成矩阵$\boldsymbol{Q}_s^{(c_l)}$ 和可靠性生成矩阵$\boldsymbol{P}_s^{(c_l)}$。$\boldsymbol{Q}_s^{(c_l)}$ 需要同时考虑部件组的故障率和维修率，$\boldsymbol{P}_s^{(c_l)}$ 可通过$\boldsymbol{Q}_s^{(c_l)}$ 得到，但不考虑由失效状态转为工作状态的维修率，因此 $\boldsymbol{P}_s^{(c_l)}$ 中的后$(m^{(c_l)}+1)$行的元素均为0。

(3) 建立部件组在给定阶段的转移概率矩阵。为了进一步描述部件组的状态转移关系，提出 3 个矩阵来表示部件组在某阶段中分别处于任意状态、工作状态和故障状态的转移概率，这 3 个矩阵分别为 $\boldsymbol{E}$ 矩阵、$\boldsymbol{U}$ 矩阵和 $\boldsymbol{D}$ 矩阵：

$$\left.\begin{aligned}
\boldsymbol{E}_s^{(c_l)} &= \mathrm{e}^{\boldsymbol{Q}_s^{(c_l)} t_s} \\
\boldsymbol{U}_s^{(c_l)} &= \mathrm{e}^{\boldsymbol{P}_s^{(c_l)} t_s}\begin{bmatrix} \boldsymbol{I}_{(M^{(c_l)}-m^{(c_l)})\times(M^{(c_l)}-m^{(c_l)})} & 0 \\ 0 & 0 \end{bmatrix} \\
\boldsymbol{D}_s^{(c_l)} &= \boldsymbol{E}_s^{(c_l)} - \boldsymbol{U}_s^{(c_l)}
\end{aligned}\right\} \tag{3.27}$$

式中：$\boldsymbol{E}_s^{(c_l)}$ 中的第(k_1,k_2)个元素表示当已知部件组 c_l 在阶段 s 初始时刻的状态

为 k_1 且不考虑该部件组在阶段 s 中的状态变化时，该部件组在阶段 s 结束时处于状态 k_2 的概率；$\boldsymbol{U}$ 矩阵中的第 (k_1, k_2) 个元素表示当已知部件组 c_l 在阶段 s 初始时刻的状态为 k_1 时，该部件组在阶段 s 结束时处于状态 k_2 且在整个阶段 s 中保持正常运行的概率；$\boldsymbol{D}$ 矩阵中的第 (k_1, k_2) 个元素表示当已知部件组 c_l 在阶段 s 初始时刻的状态为 k_1 时，该部件组在阶段 s 结束时处于状态 k_2 且在阶段 s 中发生故障的概率。

(4) 计算部件组正常工作的概率。若能求出任意阶段结束时刻部件组正常工作的概率，则系统的任务成功性可通过最后一个阶段结束时刻各部件组的工作概率求得。假设在阶段 s 开始时刻，部件组 c_l 的状态概率是 $\boldsymbol{v}_{s-1}^{(c_l)}$，则部件组在阶段 s 结束时刻的状态概率取决于 $\boldsymbol{v}_{s-1}^{(c_l)}$ 和 $\boldsymbol{U}_s^{(c_l)}$。$\boldsymbol{v}_{s-1}^{(c_l)}$ 与部件组 c_l 在阶段 s 的状态无关，但可以通过 $\boldsymbol{v}_0^{(c_l)}$ 和 $\boldsymbol{E}_s^{(c_l)}$ 计算得出，即

$$\boldsymbol{v}_{s-1}^{(c_l)} = \boldsymbol{v}_0^{(c_l)} \cdot \prod_{t_i=1}^{s-1} \boldsymbol{E}_{t_i}^{(c_l)} \tag{3.28}$$

因此，部件组 c_l 在阶段 s 结束时正常工作的概率可通过下式计算得出：

$$p_s^{(c_l)} = \boldsymbol{v}_{s-1}^{(c_l)} \cdot \boldsymbol{U}_s^{(c_l)} \cdot \mathbf{1}^{\mathrm{T}} = \boldsymbol{v}_0^{(c_l)} \cdot \left(\prod_{v=1}^{s-1} \boldsymbol{E}_v^{(c_l)}\right) \cdot \boldsymbol{U}_s^{(c_l)} \cdot \mathbf{1}^{\mathrm{T}} \tag{3.29}$$

(5) 计算系统的任务成功性。首先，根据 $\boldsymbol{E}$ 矩阵和 $\boldsymbol{U}$ 矩阵计算出部件组正常工作的概率。接着，根据单个阶段的系统结构计算子系统的任务成功性。每个子系统都描述了相应阶段的不同需求，系统的总任务即为各个相互独立的子系统均正常运行。因此，系统的任务成功性计算方法为

$$P^{\mathrm{MS}}(\boldsymbol{\lambda}, \boldsymbol{\mu}; p_s^{(c_l)}, m^{(c_l)}, M^{(c_l)}) = \prod_{s=1}^{S} f_s(p_s^{(c_1)}, \cdots, p_s^{(c_l)}, \cdots, p_s^{(c_N)}) \tag{3.30}$$

式中：$P^{\mathrm{MS}}(\boldsymbol{\lambda}, \boldsymbol{\mu})$ 表示整个 PMS 的任务成功性；$f_s(\cdot)$ 表示子系统 s 的结构函数，同时也表示阶段 s 的特定任务需求。

3.3.3　算例研究

某雷达系统包含三类部件 c_1、c_2 和 c_3，各类部件初始概率均为(1,0,0)，该雷达系统可执行目标搜索和目标跟踪两种任务，当执行目标搜索任务时，需要部件 c_1 工作，且部件 c_2 和 c_3 至少有一个工作，此时第一阶段的子系统结构函数为 $F_1 = c_1c_2 + c_1c_3$。当执行目标跟踪任务时，要求部件 c_1、c_2 和 c_3 同时工作，则第二阶段的子系统结构函数为 $F_2 = c_1c_2c_3$。假设该雷达系统要参与某演习任务，任务包含目标搜索和目标跟踪两个阶段，两个阶段的持续时间分别为 T_1 和 T_2。计算在部件 c_1、c_2 和 c_3 各携带一个备件的情况下，该任务的成功概率。

将部件 c_1 及其备件作为部件组 A，将部件 c_2 及其备件作为部件组 B，将部件 c_3 及其备件作为部件组 C。若用 a_1 代表部件组 A 在阶段 1 的状态，则该两阶段任务的结构函数可写为

$$\Phi=(a_1b_1+a_1c_1)\cdot(a_2b_2c_2)$$

其中，b_1、c_1、a_2、b_2 和 c_2 与 a_1 的意义相似。

部件 c_1 及其备件的故障时间均服从参数为 $\lambda^{(a)}$ 的指数分布，维修时间服从参数为 $\mu^{(a)}$ 的指数分布。相似地：部件 c_2 及其备件的故障时间均服从参数为 $\lambda^{(b)}$ 的指数分布，维修时间服从参数为 $\mu^{(b)}$ 的指数分布；部件 c_3 及其备件的故障时间服从参数为 $\lambda^{(c)}$ 的指数分布，维修时间服从参数为 $\mu^{(c)}$ 的指数分布。

可知部件组 A、B 和 C 均相当于冷储备系统，其在 Δt 时间内系统的状态转移图如图 3.11 所示。其中 2 表示部件组中部件和其备件均正常，1 表示部件和其备件有一个正常，0 表示部件和备件都故障。

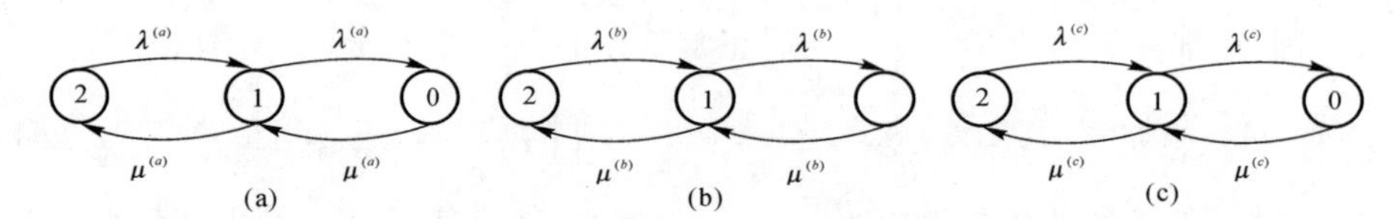

图 3.11　部件 A、B、C 的 CTMC

(a)部件 A；(b)部件 B；(c)部件 C

部件 A、B、C 的 $\boldsymbol{Q}$ 矩阵、$\boldsymbol{P}$ 矩阵如下，其中第一列是部件的状态。

$$\boldsymbol{Q}^{(A)}=\begin{matrix}2\\1\\0\end{matrix}\begin{bmatrix}-\lambda^{(a)} & \lambda^{(a)} & 0\\ \mu^{(a)} & -(\mu^{(a)}+\lambda^{(a)}) & \lambda^{(a)}\\ 0 & \mu^{(a)} & -\mu^{(a)}\end{bmatrix}$$

$$\boldsymbol{P}^{(A)}=\begin{matrix}2\\1\\0\end{matrix}\begin{bmatrix}-\lambda^{(a)} & \lambda^{(a)} & 0\\ \mu^{(a)} & -(\mu^{(a)}+\lambda^{(a)}) & \lambda^{(a)}\\ 0 & 0 & 0\end{bmatrix}$$

$$\boldsymbol{Q}^{(B)}=\begin{matrix}2\\1\\0\end{matrix}\begin{bmatrix}-\lambda^{(b)} & \lambda^{(b)} & 0\\ \mu^{(b)} & -(\mu^{(b)}+\lambda^{(b)}) & \lambda^{(b)}\\ 0 & \mu^{(b)} & -\mu^{(b)}\end{bmatrix}$$

$$\boldsymbol{P}^{(B)}=\begin{matrix}2\\1\\0\end{matrix}\begin{bmatrix}-\lambda^{(b)} & \lambda^{(b)} & 0\\ \mu^{(b)} & -(\mu^{(b)}+\lambda^{(b)}) & \lambda^{(b)}\\ 0 & 0 & 0\end{bmatrix}$$

$$
\boldsymbol{Q}^{(C)}=\begin{matrix}2\\1\\0\end{matrix}\begin{bmatrix}-\lambda^{(c)} & \lambda^{(c)} & 0\\ \mu^{(c)} & -(\mu^{(c)}+\lambda^{(c)}) & \lambda^{(c)}\\ 0 & \mu^{(c)} & -\mu^{(c)}\end{bmatrix}
$$

$$
\boldsymbol{P}^{(C)}=\begin{matrix}2\\1\\0\end{matrix}\begin{bmatrix}-\lambda^{(c)} & \lambda^{(c)} & 0\\ \mu^{(c)} & -(\mu^{(c)}+\lambda^{(c)}) & \lambda^{(c)}\\ 0 & 0 & 0\end{bmatrix}
$$

表 3.2 给出了算例所需的参数值，假设 3 个阶段任务的时间相同。由表 3.2 中的参数值，可以得到部件 a、b、c 在各阶段的转移矩阵 $\boldsymbol{E}$、$\boldsymbol{U}$、$\boldsymbol{D}$。

表 3.2　各参数取值

参　数	$\lambda^{(a)}$	$\mu^{(a)}$	$\lambda^{(b)}$	$\mu^{(b)}$	$\lambda^{(c)}$	$\mu^{(c)}$	$T_1=T_2$
取值 /h	0.01	1	0.05	0.5	0.04	2	1

$$
\boldsymbol{E}_1^{(A)}=\boldsymbol{E}_2^{(A)}=\begin{bmatrix}0.9937 & 0.0063 & 0\\ 0.6277 & 0.3687 & 0.0037\\ 0.2628 & 0.3675 & 0.3697\end{bmatrix}
$$

$$
\boldsymbol{U}_1^{(A)}=\boldsymbol{U}_2^{(A)}=\begin{bmatrix}0.9937 & 0.0063 & 0\\ 0.6269 & 0.3668 & 0\\ 0 & 0 & 0\end{bmatrix}
$$

$$
\boldsymbol{D}_1^{(A)}=\boldsymbol{D}_2^{(A)}=\begin{bmatrix}0 & 0 & 0\\ 0.0008 & 0.0018 & 0.0037\\ 0.2628 & 0.3675 & 0.3697\end{bmatrix}
$$

$$
\boldsymbol{E}_1^{(B)}=\boldsymbol{E}_2^{(B)}=\begin{bmatrix}0.9614 & 0.0377 & 0.0009\\ 0.3772 & 0.5929 & 0.0298\\ 0.0875 & 0.2984 & 0.6140\end{bmatrix}
$$

$$
\boldsymbol{U}_1^{(B)}=\boldsymbol{U}_2^{(B)}=\begin{bmatrix}0.9614 & 0.0376 & 0\\ 0.3758 & 0.5855 & 0\\ 0 & 0 & 0\end{bmatrix}
$$

$$
\boldsymbol{D}_1^{(B)}=\boldsymbol{D}_2^{(B)}=\begin{bmatrix}0 & 0.0001 & 0.0009\\ 0.0014 & 0.0074 & 0.0298\\ 0.0875 & 0.2984 & 0.6140\end{bmatrix}
$$

$$
\boldsymbol{E}_1^{(C)}=\boldsymbol{E}_2^{(C)}=\begin{bmatrix}0.9828 & 0.0170 & 0.0002\\ 0.8476 & 0.1469 & 0.0055\\ 0.5840 & 0.2752 & 0.1408\end{bmatrix}
$$

$$\boldsymbol{U}_1^{(C)} = \boldsymbol{U}_2^{(C)} = \begin{bmatrix} 0.9827 & 0.0168 & 0 \\ 0.8412 & 0.1415 & 0 \\ 0 & 0 & 0 \end{bmatrix}$$

$$\boldsymbol{D}_1^{(C)} = \boldsymbol{D}_2^{(C)} = \begin{bmatrix} 0.0001 & 0.0001 & 0.0002 \\ 0.0063 & 0.0054 & 0.0055 \\ 0.5840 & 0.2752 & 0.1408 \end{bmatrix}$$

根据 3.2.2 节中 BDD 的生成规则，得到该算例的 BDD 如图 3.12 所示。

在生成的 BDD 中搜索从根节点到终节点 1 的路径，总共有两条：$\varPi_1 = a_1 b_1 a_2 b_2 c_2$，$\varPi_2 = a_1 \overline{b_1} c_1 a_2 b_2 c_2$。

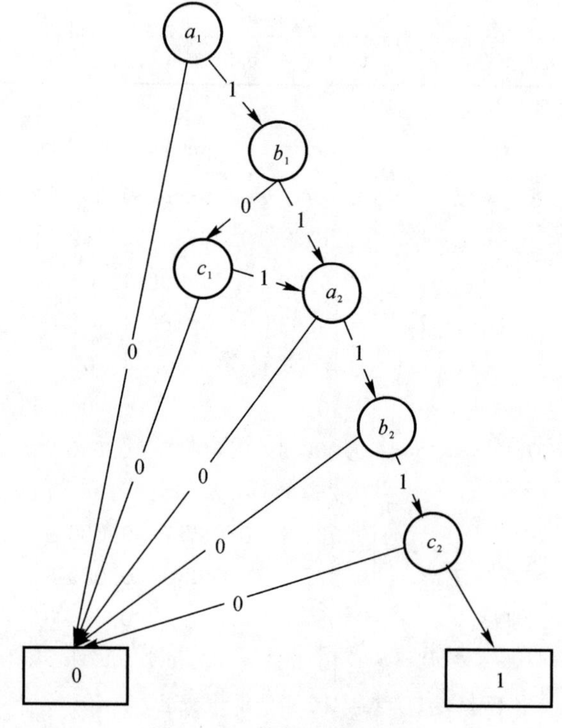

图 3.12 算例生成的 BDD

$$\begin{aligned} \Pr\{\varPi_1 = 1\} = & \Pr\{a_1 = 1, a_2 = 1\} \cdot \Pr\{b_1 = 1, b_2 = 1\} \cdot \Pr\{c_1 = x, c_2 = 1\} = \\ & (\boldsymbol{v}_0^{(A)} \cdot \boldsymbol{U}_1^{(A)} \cdot \boldsymbol{U}_2^{(A)} \cdot \boldsymbol{1}^{\mathrm{T}}) \times (\boldsymbol{v}_0^{(B)} \cdot \boldsymbol{U}_1^{(B)} \cdot \boldsymbol{U}_2^{(B)} \cdot \boldsymbol{1}^{\mathrm{T}}) \times \\ & (\boldsymbol{v}_0^{(C)} \cdot \boldsymbol{E}_1^{(C)} \cdot \boldsymbol{U}_2^{(C)} \cdot \boldsymbol{1}^{\mathrm{T}}) = \\ & 0.9999 \times 0.9965 \times 0.9990 = 0.9954 \end{aligned}$$

$$\begin{aligned}\Pr\{\Pi_2=1\}=&\Pr\{a_1=1,a_2=1\}\cdot\Pr\{b_1=0,b_2=1\}\cdot\Pr\{c_1=1,c_2=1\}=\\&(\boldsymbol{v}_0^{(A)}\cdot\boldsymbol{U}_1^{(A)}\cdot\boldsymbol{U}_2^{(A)}\cdot\boldsymbol{1}^{\mathrm{T}})\times(\boldsymbol{v}_0^{(B)}\cdot\boldsymbol{D}_1^{(B)}\cdot\boldsymbol{U}_2^{(B)}\cdot\boldsymbol{1}^{\mathrm{T}})\times\\&(\boldsymbol{v}_0^{(C)}\cdot\boldsymbol{U}_1^{(C)}\cdot\boldsymbol{U}_2^{(C)}\cdot\boldsymbol{1}^{\mathrm{T}})=\\&0.9999\times0.0002\times0.9988=0.0002\end{aligned}$$

因此，该雷达系统的任务成功概率为

$$P_{\mathrm{M}}=\sum_{j=1}^{2}\Pr\{\Pi_j=1\}=0.9956$$

3.4 参考文献

[1] JIA Y F, CAI W. Research on reliability calculation method of series system basedon statistical analysis[J]. Advanced Materials Research, 2012, 479/480/481:1045－1048.

[2] ZHAO X, CHEN M, NAKAGAWA T. Comparisons of standby and parallel systems in reliability, replacement, scheduling and application [J]. Proceedings of the Institution of Mechanical Engineers, Part O: Journal of Risk and Reliability, 2016,230(1):101－108.

[3] 王梓坤.生灭过程与马尔可夫链[M].北京:科学出版社,1980.

[4] DERMAN C, LIEBERMAN G J, ROSS S M. On the consecutive－k－of－n:F system[J]. IEEE Transactions on Reliability, 1982, R－31(1): 57－63.

[5] WANG D, TRIVEDI K S. Reliability analysis of phased-mission system with independent component repairs [J]. IEEE Transactions on Reliability, 2007, 56(3):540－551.

[6] XING L, AMARI S V. Binary decision diagrams and extensions for system reliability analysis [M]. New York: John Wiley & Sons, Inc, 2015.

[7] ZHAO J, SI S, CAI Z, et al. Mission success probability optimization for phased-mission systems with repairable component modules [J]. Reliability Engineering & System Safety, 2019, 195:106750.

[8] AMARI S V, WANG C, XING L, et al. An efficient phased-mission reliability model considering dynamic k－out－of－n subsystem redundancy[J]. IISE Transactions, 2018,50(10):868－877.

第4章　多态可修系统任务成功性评估方法

4.1　多态可修的单阶段任务系统

4.1.1　问题描述与假设

多状态系统(Multi-State Systems,MSS),是指系统及其部件可以呈现出对应于不同状态的多个性能水平,范围从完好运行到完全失效。MSS可用于对共享载荷、性能退化、多种失效模式和有限维修资源等复杂行为进行建模,广泛应用于电力系统、通信和传输网络、计算机系统、传感器网络、逻辑电路和流体传输等实际系统中。多状态可靠性理论研究可追溯到20世纪70年代中期,Murchland、Barlow、El-Neweihi先后给出了MSS的定义及其可靠性的基本概念。对MSS可靠性建模方法而言,其挑战在于同一个部件不同状态之间的相关性,即部件内状态相关性。现有的MSS分析方法包括基于马尔可夫的方法、蒙特卡罗仿真、多态最小路径/割集向量以及基于通用生成函数等方法。

本章以多态可修系统为研究对象,在进行多态可修的单阶段任务系统的成功性评估之前,其相关假设条件如下:

(1) 多态可修系统S包含n个多态可修部件$C=\{C_1,C_2,\cdots,C_i,\cdots,C_n\}$,各可修部件的可靠性参数为$\lambda$(失效率)和可维修性参数为$\mu$(维修率);

(2) 在此多态可修系统中,各部件C_i的状态为$\{1,2,\cdots,m^{(C_i)},\cdots,n^{(C_i)}\}$,表示具有有限个状态,状态集$\{1,2,\cdots,m^{(C_i)}\}$中所有状态均是指各部件正常,而状态集$\{m^{(C_i)}+1,m^{(C_i)}+2,\cdots,m^{(C_i)}+n\}$中所有状态均是指各部件失效;

(3) 在当前任务周期T内,如果系统S中的某部件C_i从任务开始到任务结束一直处于正常运行状态而没有失效,则认为该部件正常,相反,如果部件C_i从任务开始运行到某一时刻部件失效,则认为部件失效,需要进入维修站点进行维修;

(4) 任务要求的运行时间为 T。

4.1.2　任务成功性评估模型

在求解系统任务成功性之前，需要计算多态部件在任务结束时的状态概率。因此，首先建立多态部件的可靠性和可用性生成矩阵。$\boldsymbol{Q}^{(C_i)}$ 表示部件 C_i 可用性模型的生成矩阵，$\boldsymbol{P}^{(C_i)}$ 表示部件 C_i 可靠性模型的生成矩阵。

$\boldsymbol{Q}^{(C_i)}$ 可以写成分割的形式，即

$$\boldsymbol{Q}^{(C_i)}=\begin{pmatrix}\boldsymbol{Q}_{11} & \boldsymbol{Q}_{12}\\ \boldsymbol{Q}_{21} & \boldsymbol{Q}_{22}\end{pmatrix}_{n^{(C_i)}\times n^{(C_i)}} \tag{4.1}$$

式中：$\boldsymbol{Q}_{11}$ 是一个由运行状态向运行状态转移的概率组成的 $m^{(C_i)}\times m^{(C_i)}$ 矩阵。类似地，$\boldsymbol{Q}_{21}$、$\boldsymbol{Q}_{12}$、$\boldsymbol{Q}_{22}$ 包含的转移率分别为故障状态向运行状态转移、运行状态向故障状态转移和故障状态向故障状态转移的概率矩阵。

根据 $\boldsymbol{Q}^{(C_i)}$ 可得 $\boldsymbol{P}^{(C_i)}$ 的分割形式为

$$\boldsymbol{P}^{(C_i)}=\begin{pmatrix}\boldsymbol{Q}_{11} & \boldsymbol{Q}_{12}\\ \boldsymbol{0} & \boldsymbol{0}\end{pmatrix}_{n^{(C_i)}\times n^{(C_i)}} \tag{4.2}$$

根据式(4.1)和式(4.2)可得部件在任务始末的状态转移概率矩阵，$\boldsymbol{E}^{(C_i)}$ 表示部件 C_i 在任务期间的状态转移概率矩阵，$\boldsymbol{U}^{(C_i)}$ 表示部件 C_i 在任务期间保持正常运行状态的转移概率矩阵，$\boldsymbol{D}^{(C_i)}$ 表示部件 C_i 在任务期间处于故障状态的转移概率矩阵，其计算公式为

$$\left.\begin{aligned}&\boldsymbol{E}^{(C_i)}=\mathrm{e}^{\boldsymbol{Q}^{(C_i)}T}\\ &\boldsymbol{U}^{(C_i)}=\mathrm{e}^{\boldsymbol{P}^{(C_i)}T}\cdot\begin{pmatrix}\boldsymbol{I}_{m^{(C_i)}\times m^{(C_i)}} & \boldsymbol{0}\\ \boldsymbol{0} & \boldsymbol{0}\end{pmatrix}\\ &\boldsymbol{D}^{(C_i)}=\boldsymbol{E}^{(C_i)}-\boldsymbol{U}^{(C_i)}\end{aligned}\right\} \tag{4.3}$$

式中：矩阵 $\boldsymbol{E}^{(C_i)}$ 中的 (j,k) $(1\leqslant j\leqslant m^{(C_i)},1\leqslant k\leqslant m^{(C_i)})$ 元素表示在任务开始时部件 C_i 处于状态 j 的条件下，任务结束时部件 C_i 处于状态 k 的概率；矩阵 $\boldsymbol{U}^{(C_i)}$ 中的 (j,k) 元素表示在任务开始时部件 C_i 处于状态 j 的条件下，任务结束时部件 C_i 处于状态 k 并且在整个任务过程中保持运行状态的概率；矩阵 $\boldsymbol{D}^{(C_i)}$ 中的 (j,k) 元素表示在任务开始时部件 C_i 处于状态 j 的条件下，任务结束时部件 C_i 处于状态 k 并且在任务过程中的某一时刻发生故障的概率。

若部件 C_i 在任务开始时刻的概率矢量为 $\boldsymbol{v}_B^{(C_i)}$，则部件 C_i 在任务结束时刻的概率矢量为

$$\boldsymbol{v}_E^{(C_i)}=\boldsymbol{v}_B^{(C_i)}\cdot\mathrm{e}^{\boldsymbol{Q}^{(C_i)}T}=\boldsymbol{v}_B^{(C_i)}\cdot\boldsymbol{E}^{(C_i)} \tag{4.4}$$

同理，部件 C_i 在任务期间维持正常运行状态的概率矢量可以通过 C_i 的可靠

度模型获得：

$$\boldsymbol{u}_E^{(C_i)} = \boldsymbol{v}_B^{(C_i)} \cdot e^{\boldsymbol{P}^{(C_i)}T} \cdot \begin{pmatrix} \boldsymbol{I}_{m^{(C_i)} \times m^{(C_i)}} & \boldsymbol{0} \\ \boldsymbol{0} & \boldsymbol{0} \end{pmatrix} = \boldsymbol{v}_B^{(C_i)} \cdot \boldsymbol{U}^{(C_i)} \tag{4.5}$$

式中：$\boldsymbol{u}_E^{(C_i)}$ 中的第 k 个元表示部件 C_i 在整个任务过程中保持正常并在任务结束时处于状态 k 的概率。部件 C_i 在任务期间的可靠度为

$$\boldsymbol{R}^{(C_i)} = \boldsymbol{u}_E^{(C_i)} \cdot \boldsymbol{1}^{\mathrm{T}} \tag{4.6}$$

式中：$\boldsymbol{1}^{\mathrm{T}}$ 是一个 $m^{(C_i)} \times 1$ 的元素全为 1 的列向量。

根据 $\boldsymbol{v}_E^{(C_i)}$ 和 $\boldsymbol{u}_E^{(C_i)}$ 可以得到部件 C_i 在任务期间某时刻故障的状态概率矢量为

$$\boldsymbol{d}_E^{(C_i)} = \boldsymbol{v}_E^{(C_i)} - \boldsymbol{u}_E^{(C_i)} = \boldsymbol{v}_B^{(C_i)} \cdot \boldsymbol{D}_i^{(C_i)} \tag{4.7}$$

4.1.3 基于 MMDD 的任务成功性计算

1. MMDD 模型生成

参考 3.2.2 节中 BDD 的生成规则，MMDD 的布尔变量的排序规则与其相同，在任务期内，同一部件可以在多个运行状态之间转移。

基于 MMDD 的多态可修系统任务成功性分析主要包括三个部分。首先针对多态可修系统建立 MMDD 模型，搜索任务成功路径，然后通过马尔可夫链建立各部件状态转移矩阵，最后计算系统任务成功性联合概率，完成任务成功性分析。

建立 MMDD 模型的具体过程如下：

首先，分析此多态串联可修系统的 n 个组成部件的所有状态，确定 MMDD 的状态变量；

其次，按照系统的部件组成顺序确定 MMDD 的生成顺序；

再次，以状态变量为非终节点，以非终节点的所有状态取值为单向箭线，按照生成顺序指向下一个非终结点，直到终节点 0，1 结束，当 MMDD 结构图较为复杂时，可将 MMDD 结构图分解为对应终节点"0"和"1"的 MMDD 子图；

最后，基于建立的 MMDD 模型，搜索所有任务成功路径，并用若干布尔变量的乘积表示出来。

2. 基于 MMDD 模型的系统任务成功性计算

在计算系统任务成功性之前，需要各部件在任务结束时处于各状态的概率。在 MMDD 模型中，我们将部件 C_i 指向同一节点 k 的状态边归为一组 $G_k^{(C_i)}$。$|G_k^{(C_i)}|$ 表示边的数量且 $\sum_k |G_k^{(C_i)}| = n^{(C_i)}$。部件 C_i 在 $G_k^{(C_i)}$ 中的状态之间

可以转移。

对 MMDD 来说，一个部件在任务期间可以处于一组状态中，因此部件 C 在任务结束时刻处于状态集合 $G_k^{(C_i)}$ 中的概率矢量 $\boldsymbol{p}$ 又可以写为

$$\boldsymbol{p}(b_E^{(C_i)} \in G_k^{(C_i)}) = \boldsymbol{v}_B^{(C_i)} \cdot \boldsymbol{X}^{(C_i)} \tag{4.8}$$

其中，$b^{(c_j)}$ 表示部件 c_j 在任务期间的状态，$\boldsymbol{X}^{(C_i)}$ 定义为

$$\boldsymbol{X}^{(C_i)} = \begin{cases} \boldsymbol{U}_{G_k}^{(C_i)}, & s_1 \in G_k^{(C_i)} \\ \boldsymbol{D}^{(C_i)}, & s_1 \notin G_k^{(C_i)} \\ \boldsymbol{E}^{(C_i)}, & s_1 = x \end{cases}$$

因此，部件 C 在任务结束时处于各状态集合的概率为

$$\Pr\{b^{(C_i)} \in G_k^{(C_i)}\} = \boldsymbol{p}(b_E^{(C_i)} \in G_k^{(C_i)}) \cdot \mathbf{1}^{\mathrm{T}} \tag{4.9}$$

假设 B 是结构函数为 Φ 的 MMDD。B 中从根节点到终节点 1 的每条路径 Π 都可以用一些布尔变量的乘积表示出来。假设路径总共有 n_B 条，则该任务成功性的概率可由式(3.26)计算得出。每条路径通过 DFS 的方法在 MMDD 中枚举出。为了计算每条路径的概率，基本方法是用式(4.8)计算每个部件的概率，然后将不同部件的概率相乘以得到路径 $\Pi=1$ 的概率。

4.1.4　算例研究

本节通过一个算例说明基于 MMDD 的多态可修系统单阶段任务成功性概率算法的具体步骤。已知某装备在完成某任务过程中需要 3 个重要部件，分别表示为 a、b、c，每个部件均存在 3 种状态：0、1、2。对部件 a 来说，0 为故障状态，而 1、2 为正常工作状态；对部件 b、c 来说，0、1 为故障状态，而 2 为正常工作状态。

部件 a、b、c 的状态转移示意图如图 4.1 所示。

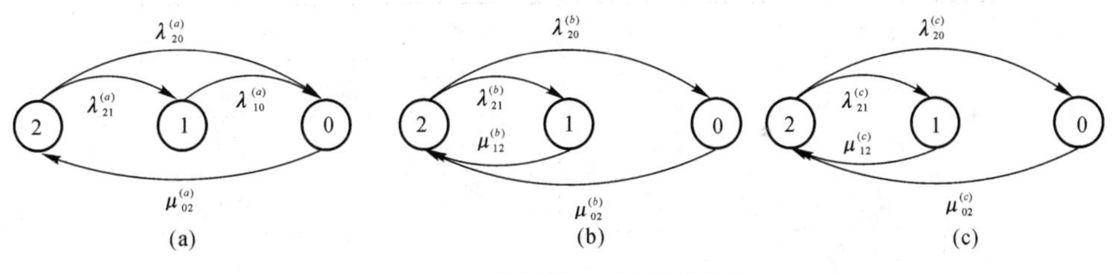

图 4.1　部件状态转移示意图

(a) 部件 a；(b) 部件 b；(c) 部件 c

装备正常运行要求 a 正常运行且 b、c 中至少有一个可以工作，则该任务系统

结构函数为 $\Phi = ab + ac$。3 个部件的初始状态均为 2，整个任务周期为 1 h。

部件 a、b、c 的 $\boldsymbol{Q}$ 矩阵、$\boldsymbol{P}$ 矩阵如下，其中第一列是部件的状态。

$$\boldsymbol{Q}^{(a)} = \begin{matrix} 2 \\ 1 \\ 0 \end{matrix} \begin{bmatrix} -(\lambda_{21}^{(a)} + \lambda_{20}^{(a)}) & \lambda_{21}^{(a)} & \lambda_{20}^{(a)} \\ 0 & -\lambda_{10}^{(a)} & \lambda_{10}^{(a)} \\ \mu_{02}^{(a)} & 0 & -\mu_{02}^{(a)} \end{bmatrix}$$

$$\boldsymbol{P}^{(a)} = \begin{matrix} 2 \\ 1 \\ 0 \end{matrix} \begin{bmatrix} -(\lambda_{21}^{(a)} + \lambda_{20}^{(a)}) & \lambda_{21}^{(a)} & \lambda_{20}^{(a)} \\ 0 & -\lambda_{10}^{(a)} & \lambda_{10}^{(a)} \\ 0 & 0 & 0 \end{bmatrix}$$

$$\boldsymbol{Q}^{(b)} = \begin{matrix} 2 \\ 1 \\ 0 \end{matrix} \begin{bmatrix} -(\lambda_{21}^{(b)} + \lambda_{20}^{(b)}) & \lambda_{21}^{(b)} & \lambda_{20}^{(b)} \\ \mu_{12}^{(b)} & -\mu_{12}^{(b)} & 0 \\ \mu_{02}^{(b)} & 0 & -\mu_{02}^{(b)} \end{bmatrix}$$

$$\boldsymbol{P}^{(b)} = \begin{matrix} 2 \\ 1 \\ 0 \end{matrix} \begin{bmatrix} -(\lambda_{21}^{(b)} + \lambda_{20}^{(b)}) & \lambda_{21}^{(b)} & \lambda_{20}^{(b)} \\ 0 & 0 & 0 \\ 0 & 0 & 0 \end{bmatrix}$$

$$\boldsymbol{Q}^{(c)} = \begin{matrix} 2 \\ 1 \\ 0 \end{matrix} \begin{bmatrix} -(\lambda_{21}^{(c)} + \lambda_{20}^{(c)}) & \lambda_{21}^{(c)} & \lambda_{20}^{(c)} \\ \mu_{12}^{(c)} & -\mu_{12}^{(c)} & 0 \\ \mu_{02}^{(c)} & 0 & -\mu_{02}^{(c)} \end{bmatrix}$$

$$\boldsymbol{P}^{(c)} = \begin{matrix} 2 \\ 1 \\ 0 \end{matrix} \begin{bmatrix} -(\lambda_{21}^{(c)} + \lambda_{20}^{(c)}) & \lambda_{21}^{(c)} & \lambda_{20}^{(c)} \\ 0 & 0 & 0 \\ 0 & 0 & 0 \end{bmatrix}$$

表 4.1 给出了本算例所需的参数，根据表 4.1 中的参数值，可以得到部件 a、b、c 在各阶段的转移矩阵 $\boldsymbol{E}$、$\boldsymbol{U}$、$\boldsymbol{D}$。

表 4.1　各部件的可靠性参数 λ 与维修性参数 μ

参　数	取　值	参　数	取　值
$\lambda_{20}^{(a)}$	0.01	$\mu_{12}^{(b)}$	0.955
$\lambda_{21}^{(a)}$	0.03	$\mu_{02}^{(b)}$	0.045
$\lambda_{10}^{(a)}$	0.05	$\lambda_{20}^{(c)}$	0.085
$\mu_{02}^{(a)}$	1	$\lambda_{21}^{(c)}$	0.915
$\lambda_{20}^{(b)}$	0.03	$\mu_{12}^{(c)}$	0.885
$\lambda_{21}^{(b)}$	0.05	$\mu_{02}^{(c)}$	0.055

$$\boldsymbol{E}^{(a)}=\begin{bmatrix}0.964\ 6 & 0.028\ 7 & 0.006\ 7\\ 0.017\ 8 & 0.951\ 4 & 0.030\ 8\\ 0.618\ 7 & 0.010\ 7 & 0.370\ 6\end{bmatrix}$$

$$\boldsymbol{U}^{(a)}=\begin{bmatrix}0.960\ 8 & 0.028\ 7 & 0\\ 0 & 0.951\ 2 & 0\\ 0 & 0 & 0\end{bmatrix}$$

$$\boldsymbol{D}^{(a)}=\begin{bmatrix}0.003\ 8 & 0 & 0.006\ 7\\ 0.017\ 8 & 0.000\ 2 & 0.030\ 8\\ 0.618\ 7 & 0.010\ 7 & 0.370\ 6\end{bmatrix}$$

$$\boldsymbol{E}^{(b)}=\begin{bmatrix}0.940\ 6 & 0.031\ 0 & 0.028\ 4\\ 0.592\ 3 & 0.397\ 4 & 0.010\ 2\\ 0.042\ 6 & 0.000\ 8 & 0.956\ 6\end{bmatrix}$$

$$\boldsymbol{U}^{(b)}=\begin{bmatrix}0.923\ 1 & 0 & 0\\ 0 & 0 & 0\\ 0 & 0 & 0\end{bmatrix}$$

$$\boldsymbol{D}^{(b)}=\begin{bmatrix}0.017\ 5 & 0.031\ 0 & 0.028\ 4\\ 0.592\ 3 & 0.397\ 4 & 0.010\ 2\\ 0.042\ 6 & 0.000\ 8 & 0.9566\end{bmatrix}$$

$$\boldsymbol{E}^{(c)}=\begin{bmatrix}0.534\ 9 & 0.407\ 2 & 0.057\ 9\\ 0.393\ 9 & 0.584\ 7 & 0.021\ 4\\ 0.037\ 5 & 0.014\ 3 & 0.948\ 2\end{bmatrix}$$

$$\boldsymbol{U}^{(c)}=\begin{bmatrix}0.367\ 9 & 0 & 0\\ 0 & 0 & 0\\ 0 & 0 & 0\end{bmatrix}$$

$$\boldsymbol{D}^{(c)}=\begin{bmatrix}0.167\ 0 & 0.407\ 2 & 0.057\ 9\\ 0.393\ 9 & 0.584\ 7 & 0.021\ 4\\ 0.037\ 5 & 0.014\ 3 & 0.948\ 2\end{bmatrix}$$

根据条件，确定MMDD的状态变量为a、b、c，MMDD的生成顺序为$a<c<b$，生成的 MMDD 模型如图 4.2 所示。

在生成的MMDD中搜索从根节点到终节点为“1”的路径，总共有2条：$\Pi_1=a_{1,2}c_2$，$\Pi_2=a_{1,2}c_{0,1}b_2$。

$$\begin{aligned}\Pr\{\Pi_1=1\}=&\Pr\{a_{1,2}\}\cdot\Pr\{c_2\}\cdot\Pr\{b=x\}=\\&(\boldsymbol{v}_0^{(a)}\cdot\boldsymbol{U}_{1,2}^{(a)}\cdot\boldsymbol{1}^{\mathrm{T}})\times(\boldsymbol{v}_0^{(c)}\cdot\boldsymbol{U}_2^{(c)}\cdot\boldsymbol{1}^{\mathrm{T}})\times(\boldsymbol{v}_0^{(b)}\cdot\boldsymbol{E}^{(b)}\cdot\boldsymbol{1}^{\mathrm{T}})=\\&0.989\ 5\times0.367\ 9\times1=0.364\ 0\end{aligned}$$

$$\begin{aligned}\Pr\{\Pi_2=1\}=&\Pr\{a_{1,2}\}\cdot\Pr\{c_{0,1}\}\cdot\Pr\{b_2\}=\\&(\boldsymbol{v}_0^{(a)}\cdot\boldsymbol{U}_{1,2}^{(a)}\cdot\mathbf{1}^{\mathrm{T}})\times(\boldsymbol{v}_0^{(c)}\cdot\boldsymbol{D}_{0,1}^{(c)}\cdot\mathbf{1}^{\mathrm{T}})\times(\boldsymbol{v}_0^{(b)}\cdot\boldsymbol{U}_2^{(b)}\cdot\mathbf{1}^{\mathrm{T}})=\\&0.9895\times0.6321\times0.9231=0.5774\end{aligned}$$

从而得到该装备的任务成功概率为

$$P_{\mathrm{M}}=\sum_{j=1}^{2}\Pr\{\Pi_j=1\}=0.9414$$

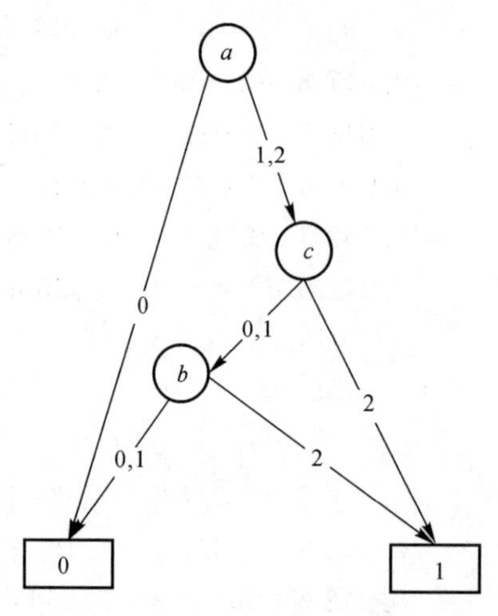

图 4.2　MMDD 模型

4.2　多态可修的多阶段任务系统

4.2.1　问题描述与假设

多状态多阶段任务系统(Multi-Statephased-Mission Systems,MS-PMS)是用于描述多状态系统的多个、连续和非重叠任务执行过程的建模方法,其不仅能够精确刻画复杂系统的失效机制和渐变的健康状态,而且可以准确描述复杂系统的任务在不同执行阶段的系统结构和功能部件的变化情况,突破了二态系统和串联系统建模的局限性,提高了可靠性模型的精度。但是,多状态多阶段任务系统部件和系统状态的多态性、多阶段任务的时间相依性,使多状态多阶段任务系统任务成功性评估模型面临着“状态爆炸”的挑战。在进行多态可修的 PMS 的成功性评估之前,其相关假设条件如下:

(1) 系统 S 中包括 n 个多态部件 $C=\{C_1,\cdots,C_i,\cdots,C_n\}$，部件失效时间和故障后的维修时间都服从指数分布；

(2) 系统中的任意部件 C_i 包含有限个状态 $\{1,2,\cdots,m^{(C_i)},\cdots,n^{(C_i)}\}$，其中 $1,2,\cdots,m^{(C_i)}$ 是正常运行状态，$m^{(C_i)}+1,m^{(C_i)}+2,\cdots,n^{(C_i)}$ 是故障状态；

(3) 在阶段 $i(1\leqslant i\leqslant p)$，如果部件 C_i 在任务期间没有出现故障，则称部件 C_i 是运行状态，否则称部件 C_i 在阶段 i 期间的某一刻处于故障状态；

(4) 任务总共包含 p 个阶段，阶段 i 的持续时间为 T_i；

(5) 如果故障部件在阶段 i 维修完好，它直到下个阶段才能再次使用，因此阶段 i 的部件修复不影响阶段 i 的任务成功性，但是它可以提高下一阶段的任务成功性。

4.2.2　任务成功性评估模型

下面介绍多态部件在任意任务阶段 s 结束时的状态概率计算方法。

首先，建立与单阶段任务系统相同的多态部件的可靠性和可用性生成矩阵，见式(4.1)和式(4.2)。部件 C_i 在各个状态之间的转移概率矩阵为

$$\left.\begin{aligned}&\boldsymbol{E}_s^{(C_i)}=\mathrm{e}^{\boldsymbol{Q}^{(C_i)}T_s}\\&\boldsymbol{U}_s^{(C_i)}=\mathrm{e}^{\boldsymbol{P}^{(C_i)}T_s}\cdot\begin{pmatrix}\boldsymbol{I}_{m^{(C_i)}\times m^{(C_i)}}&\boldsymbol{0}\\\boldsymbol{0}&\boldsymbol{0}\end{pmatrix}\\&\boldsymbol{D}_s^{(C_i)}=\boldsymbol{E}_s^{(C_i)}-\boldsymbol{U}_s^{(C_i)}\end{aligned}\right\}\tag{4.10}$$

式中：$\boldsymbol{E}_s^{(C_i)}$ 表示部件 C_i 在任务阶段 s 期间的状态转移概率矩阵；$\boldsymbol{U}_s^{(C_i)}$ 表示部件 C_i 在任务阶段 s 期间保持正常运行状态的转移概率矩阵；$\boldsymbol{D}_s^{(C_i)}$ 表示部件 C_i 在任务阶段 s 期间处于故障状态的转移概率矩阵。矩阵 $\boldsymbol{E}_s^{(C_i)}$、$\boldsymbol{U}_s^{(C_i)}$ 以及 $\boldsymbol{D}_s^{(C_i)}$ 中的 $(k_1,k_2)(1\leqslant k_1\leqslant m^{(C_i)},1\leqslant k_2\leqslant m^{(C_i)})$ 元素在阶段 s 中具有与单阶段任务转移概率矩阵元素相同的含义。

为了计算PMS的任务成功性，我们首先讨论多阶段任务中单个部件的故障情况。

给定 $s_1,s_2,\cdots,s_p$，部件 C_i 的联合概率为

$$\Pr\{b_1^{(C_i)}=s_1,b_2^{(C_i)}=s_2,\cdots,b_p^{(C_i)}=s_p\}\tag{4.11}$$

若部件 C_i 在阶段 s 开始时刻的概率矢量为 $\boldsymbol{v}_{s-1}^{(C_i)}$，则部件 C_i 在阶段 s 结束时刻的概率矢量为

$$\boldsymbol{v}_s^{(C_i)}=\boldsymbol{v}_{s-1}^{(C_i)}\cdot\mathrm{e}^{\boldsymbol{Q}^{(C_i)}T}=\boldsymbol{v}_{s-1}^{(C_i)}\cdot\boldsymbol{E}_s{}^{(C_i)}\tag{4.12}$$

部件 C_i 在任务期间保持运行状态的概率矢量可以通过 C_i 的可靠度模型

获得：

$$u_s^{(C_i)} = v_{s-1}^{(C_i)} \cdot e^{P^{(C_i)} T_s} \cdot \begin{pmatrix} I_{m^{(C_i)} \times m^{(C_i)}} & 0 \\ 0 & 0 \end{pmatrix} = v_{s-1}^{(C_i)} \cdot U_s^{(C_i)} \tag{4.13}$$

式中：$u_{E_s}^{(C_i)}$ 中的第 k 个元素表示部件 C_i 在前 $s-1$ 个阶段中保持正常并在任务阶段 s 结束时处于状态 k 的概率。部件 C_i 在任务阶段 s 期间的可靠度为

$$R_s^{(C_i)} = u_s^{(C_i)} \cdot \mathbf{1}^T \tag{4.14}$$

式中：$\mathbf{1}^T$ 是一个 $m^{(C_i)} \times 1$ 的元素全为 1 的列向量。

根据 $v_s^{(C_i)}$ 和 $u_s^{(C_i)}$ 可以得到部件 C_i 在任务阶段 s 期间某时刻故障的状态概率矢量为

$$d_s^{(C_i)} = v_s^{(C_i)} - u_s^{(C_i)} = v_s^{(C_i)} \cdot D_s^{(C_i)} \tag{4.15}$$

由于齐次马尔可夫链具有无记忆性，所以部件 C_i 在阶段 i 的故障状况仅仅取决于其在阶段 i 刚开始阶段的初始概率矢量，亦是阶段 $i-1$ 结束时刻的概率矢量。

MMDD模型中的节点 c_i 代表处于阶段 s_j 的部件 C_i，将 c_i 指向同一个节点的状态边归为一组 $G_{s_j}^{(c_i)}$。$|G_{s_j}^{(c_i)}|$ 表示边的数量且 $\sum_{s_j} |G_{s_j}^{(c_i)}| = n^{(c_i)}$。部件 C_i 在 $G_{s_j}^{(c_i)}$ 里的状态之间可以转移。

对 MMDD 来说，一个部件在一个阶段可以处于一组状态中，因此部件 C_i 的联合概率 p 可以写为

$$\begin{aligned} & p(b_1^{(C_i)} \in G_{s_1}^{(c_i)}, b_2^{(C_i)} \in G_{s_2}^{(c_i)}, \cdots, b_p^{(C_i)} \in G_{s_p}^{(c_i)}) = \\ & \quad p(b_1^{(C_i)} \in G_{s_1}^{(c_i)}, b_2^{(C_i)} \in G_{s_2}^{(c_i)}, \cdots, b_{p-1}^{(C_i)} \in G_{s_{p-1}}^{(c_i)}) \cdot X_{s_j}^{(C_i)} = \\ & \quad v_0^{(C_i)} \cdot \prod_{j=1}^{p} X_{s_j}^{(C_i)} \end{aligned} \tag{4.16}$$

式中：矩阵 p 的第 $k(1 \leqslant k \leqslant n^{(c)})$ 元是部件 C_i 在阶段任务 s_k 的结束时刻处于状态集合 G_{s_k} 的概率。$X_{s_i}^{(C_i)}$ 定义为

$$X_{s_i}^{(C_i)} = \begin{cases} U_{s_i, G_{s_i}}^{(C_i)}, & \text{部件 } C_i \text{ 在阶段 } s_i \text{ 期间处于 } G_{s_i} \text{ 中} \\ D_{s_i, G_{s_i}}^{(C_i)}, & \text{部件 } C_i \text{ 在阶段 } s_i \text{ 期间某一刻状态转移出 } G_{s_i} \\ E_i^{(c)}, & \text{不关心部件 } C_i \text{ 在阶段 } i \text{ 的状态} \end{cases} \tag{4.17}$$

4.2.3 基于 MMDD 的任务成功性计算

1. MMDD 生成

参考 3.3.2 节中 BDD 的生成规则，MMDD 的布尔变量的排序规则与其相

同，在任何阶段内，同一部件的多个运行状态可以自由转移。

例如：假设一个两阶段的MS-PMS任务装备，该装备有a和b两个部件，其中a部件有0、1、2三种状态，b部件有0、1两种状态，状态1、2是部件a的运行状态，状态0是其故障状态，状态1是部件b的运行状态，状态0是其故障状态。若r_{ij}表示部件r在i阶段处于状态j，则结构函数为$\Phi=(a_{11}+a_{12}+b_{11})\cdot(a_{21}\cdot b_{21}+a_{22}\cdot b_{21})$的MS-PMS的MMDD如图4.3所示。

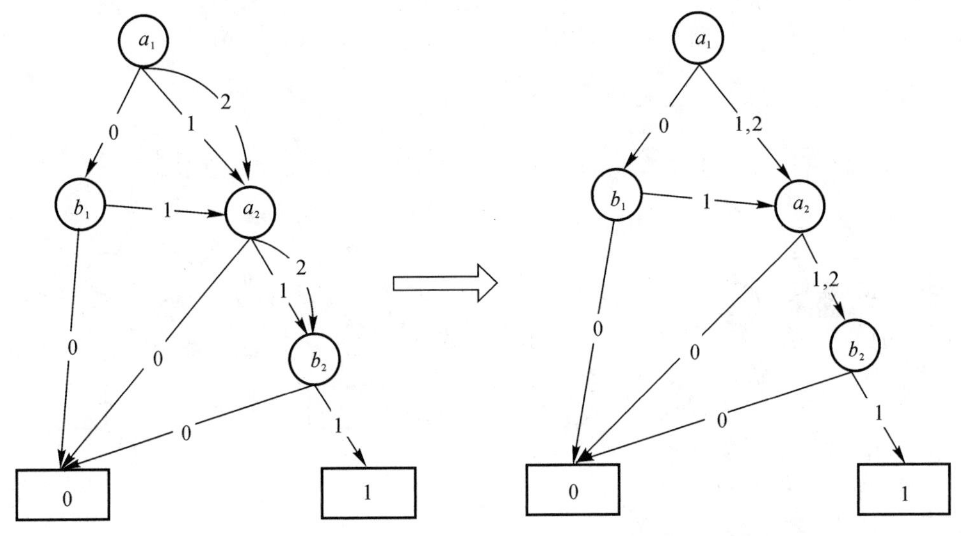

图4.3　$\Phi=(a_{11}+a_{12}+b_{11})\cdot(a_{21}\cdot b_{21}+a_{22}\cdot b_{21})$生成的MMDD

假设结构函数为Φ_{s_j}的s_j阶段的MMDD为B_{s_j}，整个多阶段任务的MMDD为B。由于B_{s_j}和$B_{s_k}(j\neq k)$没有共同的布尔变量，$\Phi=\bigcap_{j=1}^{p}\Phi_{s_j}$，所以$B$可以通过合并$B_{s_1},B_{s_2},\cdots,B_{s_p}$得到。将$B_{s_1},B_{s_2},\cdots,B_{s_p}$的终节点“0”合并为一个终节点“0”，将$B_{s_j}$的终节点“1”和$B_{s_{j+1}}$的根节点合并为一个节点。图4.3所示的$\Phi=(a_{11}+a_{12}+b_{11})\cdot(a_{21}\cdot b_{21}+a_{22}\cdot b_{21})$的MMDD的合并生成过程如图4.4所示。

由此可得，当多阶段任务包含s_p个阶段时，B中节点总共有

$$|B|=\sum_{j=1}^{p}|B_{s_j}|-2(p-1) \tag{4.18}$$

式中：$|B_i|$是B_i中节点的个数。

B中从根节点到终节点“1”的路径总条数n_B为

$$n_B=\prod_{j=1}^{p}n_{s_j} \tag{4.19}$$

式中：n_{si} 是 B_{si} 中从根节点到终节点“1”的路径的条数。

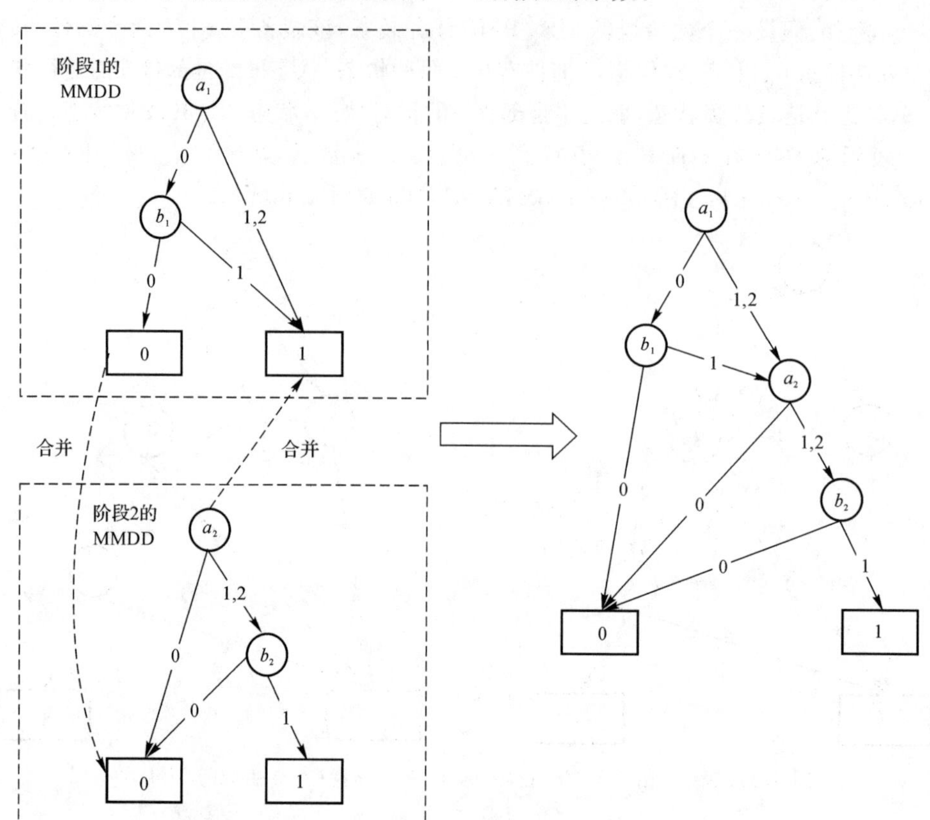

图 4.4　不同阶段 MMDD 的合并

2. MMDD 计算

为了评估 MS－PMS 的任务成功性，首先必须针对 MS－PMS 的结构函数建立其相应的 MMDD。同 3.3.2 节对 BDD 的处理一样，不在 MMDD 建模过程中对相关性进行处理，而是假设在建立 MMDD 时代表同一部件处于不同阶段不同状态的布尔变量是相互独立的，然后在 MMDD 计算过程中对关联性进行处理。

假设所有的布尔变量是相互独立的，可根据结构函数生成 PMS 任务成功性的 MMDD，再通过如下步骤来评估 MS－PMS 的任务成功性。

假设 B 是结构函数为 Φ 的 PMS 的 MMDD。B 中从根节点到终节点 1 的每条路径 Π 都可以用一些布尔变量的乘积表示出来。假设路径总共有 n_B 条，每条路径通过 DFS 方法在 MMDD 中枚举出，MS－PMS 任务成功性的计算时

间是 $O(n_B)$。

一条路径 Π 可能包含在不同阶段代表同一部件的相互关联的布尔变量。为了计算每条路径的概率，基本方法是用式(4.16)和式(4.17)计算每一组关联变量的联合概率，然后将不同部件的关联概率相乘以得到路径 $\Pi=1$ 的概率。例如图 4.3 中的 MMDD，从根节点到终节点 1 的路径有 2 条：$\Pi_1 = a_{1,\langle 1,2\rangle} a_{2,\langle 1,2\rangle} b_{2,1}$，$\Pi_2 = a_{1,0} b_{1,1} a_{2,\langle 1,2\rangle} b_{2,1}$，则有

$$\Pr\{\Pi_1 = 1\} = \Pr\{a_{1,\langle 1,2\rangle}, a_{2,\langle 1,2\rangle}\} \cdot \Pr\{b_1 = x, b_{2,1}\}$$

$$\Pr\{\Pi_2 = 1\} = \Pr\{a_{1,0}, a_{2,\langle 1,2\rangle}\} \cdot \Pr\{b_{1,1}, b_{2,1}\}$$

其中，x 表示部件状态在某阶段与任务成功性不相关。

在得到 MMDD 的所有路径概率后，MS - PMS 的任务成功性概率可以由式(3.26)计算得到。

4.2.4　算例研究

已知某装备在完成一个三阶段任务，需要 3 个重要部件 a、b 和 c 运行。三个阶段任务的时间分别为 T_1、T_2 和 T_3，且第一个阶段需要 a 或 b 至少有一个工作，第二个阶段需要 a 和 c 同时工作，第三个阶段需要 b 或 c 至少有一个工作。如果三个阶段任务都顺利完成则整个任务成功，因此该三阶段任务的结构函数可写为

$$\Phi = (a_1 + b_1) \cdot (a_2 \cdot c_2) \cdot (b_3 + c_3)$$

其中，a_1 代表部件 a 在阶段 1 的状态，b_1、a_2、c_2、b_3、c_3 与 a_1 的意义相似。

部件 a、b 有三个状态 2、1、0，其中 2、1 为其运行状态，0 为其故障状态；部件 c 有 1、0 两个状态，其中 1 为其运行状态，0 为其故障状态。其状态转移图如图 4.5 所示。若 r_{ij} 表示部件 r 在 i 阶段处于状态 j，则结构函数可重新写为

$$\Phi = (a_{11} + a_{12} + b_{11} + b_{12}) \cdot (a_{21} \cdot c_{21} + a_{22} \cdot c_{21}) \cdot (b_{31} + b_{32} + c_{31})$$

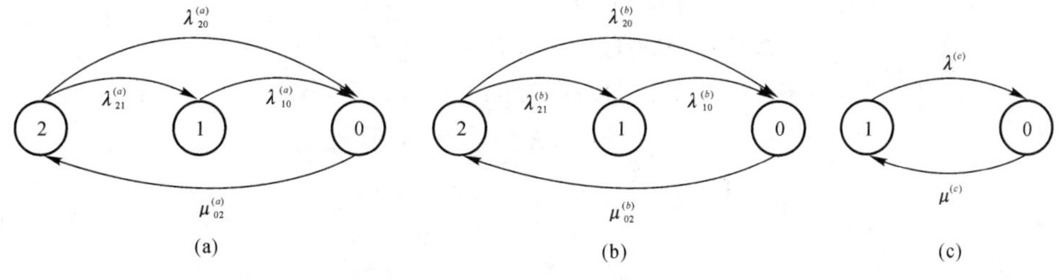

图 4.5　部件 a、b、c 的状态转移图

(a) 部件 a；(b) 部件 b；(c) 部件 c

部件 a,b,c 的 $\boldsymbol{Q}$ 矩阵、$\boldsymbol{P}$ 矩阵如下,其中第一列是部件的状态。

$$\boldsymbol{Q}^{(a)}=\begin{matrix}2\\1\\0\end{matrix}\begin{bmatrix}-(\lambda_{21}^{(a)}+\lambda_{20}^{(a)}) & \lambda_{21}^{(a)} & \lambda_{20}^{(a)}\\0 & -\lambda_{10}^{(a)} & \lambda_{10}^{(a)}\\\mu_{02}^{(a)} & 0 & -\mu_{02}^{(a)}\end{bmatrix}$$

$$\boldsymbol{P}^{(a)}=\begin{matrix}2\\1\\0\end{matrix}\begin{bmatrix}-(\lambda_{21}^{(a)}+\lambda_{20}^{(a)}) & \lambda_{21}^{(a)} & \lambda_{20}^{(a)}\\0 & -\lambda_{10}^{(a)} & \lambda_{10}^{(a)}\\0 & 0 & 0\end{bmatrix}$$

$$\boldsymbol{Q}^{(b)}=\begin{matrix}2\\1\\0\end{matrix}\begin{bmatrix}-(\lambda_{21}^{(b)}+\lambda_{20}^{(b)}) & \lambda_{21}^{(b)} & \lambda_{20}^{(b)}\\0 & -\lambda_{10}^{(b)} & \lambda_{10}^{(b)}\\\mu_{02}^{(b)} & 0 & -\mu_{02}^{(b)}\end{bmatrix}$$

$$\boldsymbol{P}^{(b)}=\begin{matrix}2\\1\\0\end{matrix}\begin{bmatrix}-(\lambda_{21}^{(b)}+\lambda_{20}^{(b)}) & \lambda_{21}^{(b)} & \lambda_{20}^{(b)}\\0 & -\lambda_{10}^{(b)} & \lambda_{10}^{(b)}\\0 & 0 & 0\end{bmatrix}$$

$$\boldsymbol{Q}^{(c)}=\begin{matrix}1\\0\end{matrix}\begin{bmatrix}-\lambda^{(c)} & \lambda^{(c)}\\\mu^{(c)} & -\mu^{(c)}\end{bmatrix}$$

$$\boldsymbol{P}^{(c)}=\begin{matrix}1\\0\end{matrix}\begin{bmatrix}-\lambda^{(c)} & \lambda^{(c)}\\0 & 0\end{bmatrix}$$

表4.2给出了算例所需的参数值,假设三个阶段任务的时间相同。由表4.2中的参数值,可以得到部件 a、b、c 在各阶段的转移矩阵 $\boldsymbol{E}$、$\boldsymbol{U}$、$\boldsymbol{D}$。

表 4.2　各参数取值

参　数	$\lambda_{20}^{(a)}$	$\lambda_{21}^{(a)}$	$\lambda_{10}^{(a)}$	$\mu_{02}^{(a)}$	$\lambda_{20}^{(b)}$	$\lambda_{21}^{(b)}$	$\lambda_{10}^{(b)}$	$\mu_{02}^{(b)}$	$\lambda^{(c)}$	$\mu^{(c)}$
取值 /h	0.01	0.03	0.05	1	0.01	0.03	0.04	2	0.05	0.5

$$\boldsymbol{E}^{(a)}=\begin{bmatrix}0.964\,6 & 0.028\,7 & 0.006\,7\\0.017\,8 & 0.951\,4 & 0.030\,8\\0.618\,7 & 0.010\,7 & 0.370\,6\end{bmatrix}$$

$$\boldsymbol{U}^{(a)}=\begin{bmatrix}0.960\,8 & 0.028\,7 & 0\\0 & 0.951\,2 & 0\\0 & 0 & 0\end{bmatrix}$$

$$\boldsymbol{D}^{(a)}=\begin{bmatrix}0.003\,8 & 0 & 0.006\,7\\0.017\,8 & 0.000\,2 & 0.030\,8\\0.618\,7 & 0.010\,7 & 0.370\,6\end{bmatrix}$$

$$E^{(b)}=\begin{bmatrix}0.9666 & 0.0289 & 0.0046\\0.0221 & 0.9610 & 0.0169\\0.8450 & 0.0165 & 0.1384\end{bmatrix}$$

$$U^{(b)}=\begin{bmatrix}0.9608 & 0 & 0\\0 & 0.9608 & 0\\0 & 0 & 0\end{bmatrix}$$

$$D^{(b)}=\begin{bmatrix}0.0058 & 0.0289 & 0.0046\\0.0221 & 0.0003 & 0.0169\\0.8450 & 0.0165 & 0.1384\end{bmatrix}$$

$$E^{(c)}=\begin{bmatrix}0.9615 & 0.0385\\0.3846 & 0.6154\end{bmatrix}$$

$$U^{(c)}=\begin{bmatrix}0.9512 & 0\\0 & 0\end{bmatrix}$$

$$D^{(c)}=\begin{bmatrix}0.0103 & 0.0385\\0.3846 & 0.6154\end{bmatrix}$$

根据4.2.3节的MMDD生成规则得到该算例的MMDD如图4.6所示。

由图4.6可得，在生成的MMDD中搜索从根节点到终节点“1”的路径，总共有四条，分别为

$$\Pi_1=a_{1,\langle 1,2\rangle}a_{2,\langle 1,2\rangle}c_{2,1}b_{3,\langle 1,2\rangle}$$

$$\Pi_2=a_{1,0}b_{1,\langle 1,2\rangle}a_{2,\langle 1,2\rangle}c_{2,1}b_{3,\langle 1,2\rangle}$$

$$\Pi_3=a_{1,\langle 1,2\rangle}a_{2,\langle 1,2\rangle}c_{2,1}b_{3,0}c_{3,1}$$

$$\Pi_4=a_{1,0}b_{1,\langle 1,2\rangle}a_{2,\langle 1,2\rangle}c_{2,1}b_{3,0}c_{3,1}$$

$$\begin{aligned}&\Pr\{\Pi_1=1\}=\\&\quad \Pr\{a_{1,\langle 1,2\rangle},a_{1,\langle 1,2\rangle},a_3=x\}\cdot\Pr\{b_1=x,b_2=x,b_{3,\langle 1,2\rangle}\}\cdot\\&\quad \Pr\{c_1=x,c_{2,1},c_3=x\}=\\&\quad (\boldsymbol{v}_0^{(a)}\cdot\boldsymbol{U}_{1,\langle 1,2\rangle}^{(a)}\cdot\boldsymbol{U}_{2,\langle 1,2\rangle}^{(a)}\cdot\boldsymbol{E}_3^{(a)}\cdot\boldsymbol{1}^{\mathrm{T}})\times\\&\quad (\boldsymbol{v}_0^{(b)}\cdot\boldsymbol{E}_1^{(b)}\cdot\boldsymbol{E}_2^{(b)}\cdot\boldsymbol{U}_{3,\langle 1,2\rangle}^{(b)}\cdot\boldsymbol{1}^{\mathrm{T}})\times(\boldsymbol{v}_0^{(c)}\cdot\boldsymbol{E}_1^{(c)}\cdot\boldsymbol{U}_{2,1}^{(c)}\cdot\boldsymbol{E}_3^{(c)}\cdot\boldsymbol{1}^{\mathrm{T}})=\\&\quad 0.9780\times0.9555\times0.9146=0.8547\end{aligned}$$

同理，可以得到其余三条路径的概率为

$$\begin{aligned}&\Pr\{\Pi_2=1\}=\\&\quad \Pr\{a_{1,0},a_{2,\langle 1,2\rangle},a_3=x\}\cdot\Pr\{b_{1,\langle 1,2\rangle},b_2=x,b_{3,\langle 1,2\rangle}\}\cdot\\&\quad \Pr\{c_1=x,c_{2,1},c_3=x\}=(\boldsymbol{v}_0^{(a)}\cdot\boldsymbol{D}_1^{(a)}\cdot\boldsymbol{U}_{2,\langle 1,2\rangle}^{(a)}\cdot\boldsymbol{E}_3^{(a)}\cdot\boldsymbol{1}^{\mathrm{T}})\times\\&\quad (\boldsymbol{v}_0^{(b)}\cdot\boldsymbol{U}_{1,\langle 1,2\rangle}^{(b)}\cdot\boldsymbol{E}_2^{(b)}\cdot\boldsymbol{U}_{3,\langle 1,2\rangle}^{(b)}\cdot\boldsymbol{1}^{\mathrm{T}})\times(\boldsymbol{v}_0^{(c)}\cdot\boldsymbol{E}_1^{(c)}\cdot\boldsymbol{U}_{2,1}^{(c)}\cdot\boldsymbol{E}_3^{(c)}\cdot\boldsymbol{1}^{\mathrm{T}})=\\&\quad 0.0038\times0.9189\times0.9146=0.0032\end{aligned}$$

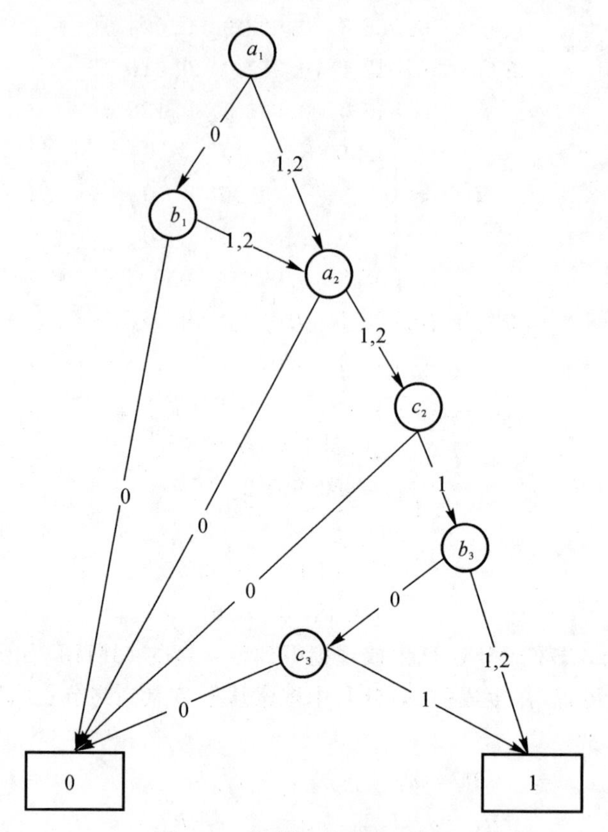

图 4.6　算例生成的 MMDD

$\Pr\{\Pi_3=1\}=$

$\Pr\{a_{1,(1,2)},a_{2,(1,2)},a_3=x\}\cdot\Pr\{b_1=x,b_2=x,b_{3,0}\}\cdot$
$\Pr\{c_1=x,c_{2,1},c_{3,1}\}=(\boldsymbol{v}_0^{(a)}\cdot\boldsymbol{U}_{1,(1,2)}^{(a)}\cdot\boldsymbol{U}_{2,(1,2)}^{(a)}\cdot\boldsymbol{E}_3^{(a)}\cdot\boldsymbol{1}^{\mathrm{T}})\times$
$(\boldsymbol{v}_0^{(b)}\cdot\boldsymbol{E}_1^{(b)}\cdot\boldsymbol{E}_2^{(b)}\cdot\boldsymbol{D}_3^{(b)}\cdot\boldsymbol{1}^{\mathrm{T}})\times(\boldsymbol{v}_0^{(c)}\cdot\boldsymbol{E}_1^{(c)}\cdot\boldsymbol{U}_{2,1}^{(c)}\cdot\boldsymbol{U}_{3,1}^{(c)}\cdot\boldsymbol{1}^{\mathrm{T}})=$
$0.9780\times0.0445\times0.8700=0.0379$

$\Pr\{\Pi_4=1\}=$

$\Pr\{a_{1,0},a_{2,(1,2)},a_3=x\}\cdot\Pr\{b_{1,(1,2)},b_2=x,b_{3,0}\}\cdot$
$\Pr\{c_1=x,c_{2,1},c_{3,1}\}=(\boldsymbol{v}_0^{(a)}\cdot\boldsymbol{D}_1^{(a)}\cdot\boldsymbol{U}_{2,(1,2)}^{(a)}\cdot\boldsymbol{E}_3^{(a)}\cdot\boldsymbol{1}^{\mathrm{T}})\times$
$(\boldsymbol{v}_0^{(b)}\cdot\boldsymbol{U}_{1,(1,2)}^{(b)}\cdot\boldsymbol{E}_2^{(b)}\cdot\boldsymbol{D}_3^{(b)}\cdot\boldsymbol{1}^{\mathrm{T}})\times(\boldsymbol{v}_0^{(c)}\cdot\boldsymbol{E}_1^{(c)}\cdot\boldsymbol{U}_{2,1}^{(c)}\cdot\boldsymbol{U}_{3,1}^{(c)}\cdot\boldsymbol{1}^{\mathrm{T}})=$
$0.0038\times0.0419\times0.8700=0.0001$

因此，该 MS - PMS 的任务成功概率为

$$P_{\mathrm{M}}=\sum_{j=1}^{4}\Pr\{\Pi_j=1\}=0.8959$$

4.3　具有可修备件的多态多阶段任务系统

4.3.1　部件组的状态分析

假设部件组是冷备用系统，在该系统中，备件直到部件失效才会工作。但该设备只能修复部件组中的一个部件。部件组的状态比单个部件的状态更复杂，根据部件与备件不同的状态组合，可以得到部件组的所有状态。

将部件组状态的第一种形式用 $\boldsymbol{S}_{IG}$ 表示时，它是一个包含 (sP_i+1) 个元素的行向量，每个元素代表部件和备件的一种组合状态。其中第一个元素代表部件的状态，其后的 sP_i 个元素代表 sP_i 个备件的状态。部件和备件之间的状态切换过程如下所述：如果系统中有足够的冗余备件，当原部件发生故障时，其中一个备件将被激活成为一个新的工作部件，并将故障的原部件视为一个故障备件。如果部件组中的所有备件都失效，那么无法实现备件切换。部件组经过备件切换后，则认为部件返回到工作状态。反之，如果部件失效，则意味着该部件组中的所有备件都失效，没有可待切换的备件。

部件组状态的第二种形式可用 $\boldsymbol{S}_{IIG}$ 来表示，部件失效状态的最大值为 $m^{(G_i)}$，部件正常工作状态的最大值为 $M^{(G_i)}$，即 $\boldsymbol{S}_{IIG_i}=\{0,1,2,\cdots,m^{(G_i)},\cdots,M^{(G_i)}\}$。

为了有效地将部件组从第一种形式转换为第二种形式，本章制定了如下三条规则来确定部件组的顺序。

(1) 当部件组失效时，所有备件都应处于失效状态。备件在切换前都是全新的。由于部件组是冷备用系统，所以当前一个部件出现故障时，备件将被切换为工作部件，并将发生故障后的工作部件视为处于故障状态的备件。

(2) 当部件工作时，备件的状态可以是故障状态或最佳工作状态。如果部件仍能正常工作，那么所有备件均处于最佳工作状态；如果部件仍然工作，但之前发生故障，那么工作状态来自备件，初始状态工作部件转换为处于故障状态的备件。

(3) 部件组的所有状态经过两个步骤来确定。首先，按照工作部件及其备件的状态值之和从大到小排列。其次，按照故障状态数量从小到大排列。

下面以一个简单的例子说明两种形式的部件组状态生成过程。假设部件 c_a 具有 4 种状态{0,1,2,3}，其中 $p^{(c_a)}=1$ 且 $q^{(c_a)}=3$。已知部件组 G_a 中包含一个备件。在不考虑部件状态与备件状态冲突的情况下，先对所有的状态进行排序，再根据状态值的总和从大到小进行排序。最后，根据故障状态的数量，从小到大依次排列，得到的部件组状态空间为{03，13，23，33，32，22，12，02，31，21，11，01，30，20，10，00}。根据规则(1) 和(2)，符合条件的部件组状态空间为{23，33，31，21，11，01，30，20，10，00}；根据规则(3) 对部件组的状态进行排序，基于工作部件和冗余备件状态值之和的部件组状态排序为{33，23，31，21，30，11，20，01，10，00}，再基于故障状态数量进行排序，得到的部件组状态为{33，23，31，21，30，20，11，01，10，00}。从部件组状态空间易得 $m^{(G_a)}=1$ 且 $M^{(G_a)}=9$。因此，$S_{\mathrm{I}G_a}=\{33,23,31,21,30,20,11,01,10,00\}$，$S_{\mathrm{II}G_a}=\{0,1,2,3,4,5,6,7,8,9\}$。

4.3.2 问题描述与假设

(1) 系统 S 包含 n 个多态部件，部件的集合表示为$(c_1,c_2,\cdots,c_n)$；

(2)n 个部件发生故障的时间和故障后的维修时间都服从指数分布；

(3) 任务总共包含 N 个阶段$\{P_1,P_2,\cdots,P_N\}$，阶段 j 的持续时间为 T_j；

(4) 部件a有有限个状态$\{1,2,\cdots,p^{(a)},\cdots,q^{(a)}\}$，其中$1,2,\cdots,p^{(a)}$ 是正常运行状态，$p^{(a)}+1,p^{(a)}+2,\cdots,q^{(a)}$ 是故障状态，不同的部件状态对应不同的性能水平，每个部件都有其相应的备件且备件更换时间可以忽略；

(5) 在阶段 $j(1\leqslant j\leqslant N)$，如果部件 a 一直处于正常运行状态而没有出现故障，则称部件a是运行状态，否则称部件a是故障状态，即在阶段j期间的某一刻发生故障；

(6) 根据最小更换原则，一旦部件出现故障，应立即启动备件，故障部件可视为备件，且故障部件修复好后与新部件一样，因此，除非部件组中没有可用的备件，否则部件总是在工作。

4.3.3 部件组的概率转移矩阵

同一个部件组中的部件的状态转移是相同的。针对部件组 G_i，其可用性模型的生成矩阵 $\boldsymbol{Q}^{(G_i)}$ 和可靠度模型的生成矩阵 $\boldsymbol{P}^{(G_i)}$ 可以通过部件组 $S_{\mathrm{I}G_i}$ 和部件 c_i 的状态转移矩阵来计算。部件组 G_i 的状态转移过程如图 4.7 所示。同时，部件组的状态转移过程遵循以下两个原则。

(1) 部件组的工作状态可以转移到更差的状态，但不能转移到更好的状态。

(2) 部件组通过维修后,其工作状态只能转移到最佳工作状态而非其他状态。

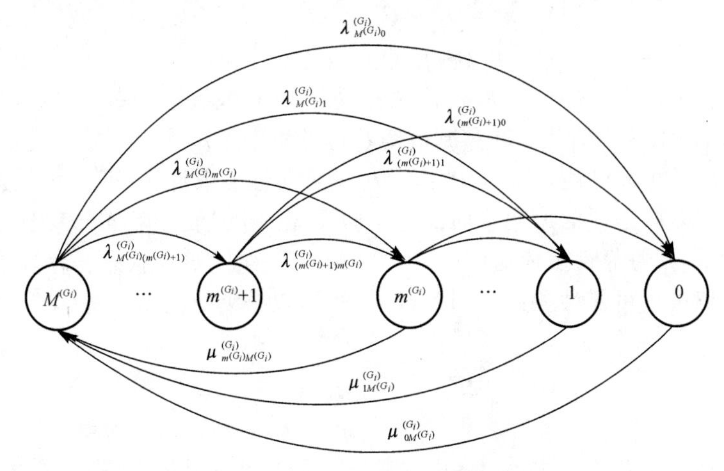

图 4.7　部件组 G_i 的状态转移图

部件 c_i 的各状态转移概率是一个 $(q^{(c_i)}+1)\times(q^{(c_i)}+1)$ 的矩阵。如果一种状态可以转移至其他状态,则相互转移的两种状态在 S_{IG_i} 中的取值不同且唯一。因此,部件组的转移概率可以通过单个部件的状态来计算。部件组 G_i 的可用性生成矩阵可以通过部件 c_i 的状态转移矩阵来确定,其生成过程的伪代码见表 4.3。

表 4.3　部件组可用性生成矩阵的伪代码

输入:部件组 G_i 状态空间的第一种形式

部件 c_i 的转移概率矩阵 $\boldsymbol{TM}_{(c_i)}$

将 $Q^{(G_i)}$ 中的所有元素设为零;

　For $l=1:(M^{(G_i)}+1)$

　　从 S_{IG_i} 中找出值为 1 的所有状态的数目

　　$a=\mathrm{sum}(\boldsymbol{TM}_{(c_i)}(l,:)-\boldsymbol{TM}_{(c_i)}\sim=0,2)$;

　　$b=\mathrm{find}(a==1)$;

　　　For $j=1:\mathrm{size}(b)$

　　　　$x=\boldsymbol{TM}_{(c_i)}(l,:)$, $y=\boldsymbol{TM}_{(c_i)}(b(j),:)$;

　　　　$d=\mathrm{find}(x\sim=y)$;

　　　　$\boldsymbol{Q}^{(G_i)}(l,b(j))=\boldsymbol{TM}_{(c_i)}(q^{(c_i)}+1-x(d),q^{(c_i)}+1-y(d))$

　　　End for

　　$\boldsymbol{Q}^{(G_i)}(l,l)=-\mathrm{sum}(\boldsymbol{Q}^{(G_i)}(l,:))$

　End for

部件组的可用性生成矩阵 $\boldsymbol{Q}^{(G_i)}$ 可以被划分为 4 个概率转移子矩阵，即

$$\boldsymbol{Q}^{(G_i)}=\begin{bmatrix}\boldsymbol{Q}_{11} & \boldsymbol{Q}_{12}\\ \boldsymbol{Q}_{21} & \boldsymbol{Q}_{22}\end{bmatrix}_{(M^{(G_i)}+1)\times(M^{(G_i)}+1)} \tag{4.20}$$

式中：$\boldsymbol{Q}_{11}$ 和 $\boldsymbol{Q}_{21}$ 表示部件组从当前状态转移到工作状态的概率子矩阵；$\boldsymbol{Q}_{12}$ 和 $\boldsymbol{Q}_{22}$ 表示部件组从当前状态转移到故障状态的概率子矩阵。

部件组的可靠性生成矩阵 $\boldsymbol{P}^{(G_i)}$ 可根据可靠性参数计算，可靠性参数只由部件组转向更差状态时的退化量而决定。假设部件组从更差状态转移到更好状态的概率为零，则可靠性生成矩阵 $\boldsymbol{P}^{(G_i)}$ 中表示部件组从更好状态转移到更差状态的概率只取决于可靠性参数。因此，$\boldsymbol{P}^{(G_i)}$ 也可以被划分为 4 个概率转移子矩阵，即

$$\boldsymbol{P}^{(G_i)}=\begin{pmatrix}\boldsymbol{Q}_{11} & \boldsymbol{Q}_{12}\\ \boldsymbol{0} & \boldsymbol{0}\end{pmatrix}_{(M^{(G_i)}+1)\times(M^{(G_i)}+1)} \tag{4.21}$$

当部件组 G_i 的当前状态未知时，则 G_i 在阶段 j 的概率转移矩阵为 $\boldsymbol{E}_j^{(G_i)}$；当已知 G_i 正常工作时，G_i 在阶段 j 的概率转移矩阵为 $\boldsymbol{U}_j^{(G_i)}$；当已知 G_i 故障时，G_i 在阶段 j 的概率转移矩阵为 $\boldsymbol{D}_j^{(G_i)}$。$\boldsymbol{E}_j^{(G_i)}$、$\boldsymbol{U}_j^{(G_i)}$ 和 $\boldsymbol{D}_j^{(G_i)}$ 的计算方为

$$\left.\begin{aligned}\boldsymbol{E}_j^{(G_i)}&=\mathrm{e}^{\boldsymbol{Q}^{(G_i)}T_i}\\ \boldsymbol{U}_j^{(G_i)}&=\mathrm{e}^{\boldsymbol{P}^{(G_i)}T_i}\cdot\begin{pmatrix}\boldsymbol{I}_{(m^{(G_i)}+1)\times(m^{(G_i)}+1)} & \boldsymbol{0}\\ \boldsymbol{0} & \boldsymbol{0}\end{pmatrix}\\ \boldsymbol{D}_j^{(G_i)}&=\boldsymbol{E}_i^{(G_i)}-\boldsymbol{U}_i^{(G_i)}\end{aligned}\right\} \tag{4.22}$$

式中：矩阵 $\boldsymbol{E}_j^{(G_i)}$ 中的 (l,k) 元素表示部件组 G_i 在阶段 j 开始时的状态概率未知的情况下，在阶段 j 结束时从状态 l 转移到状态 k 的概率；矩阵 $\boldsymbol{U}_j^{(G_i)}$ 中的 (l,k) 元素表示在任务开始时表示部件组 G_i 处于状态 l 的条件下，任务结束时部件 C_i 处于状态 k 并且整个任务过程中保持运行状态的概率；矩阵 $\boldsymbol{D}_j^{(G_i)}$ 中的 (l,k) 元素表示在任务开始时部件组 G_i 处于状态 l 的条件下，任务结束时部件 C_i 处于状态 k 并且在任务过程中的某一时刻发生故障的概率。

4.3.4 基于 MMDD 的任务成功性计算

对于每个系统状态，MMDD 只有两个终节点 1 和 0，分别表示系统处于或不处于该状态。将布尔函数的 if then else 逻辑表达式引入 MMDD 中来表示一个 MSS，基于 MMDD 的生成规则是基于 BDD 的生成规则的直接扩展。在 MSS 任务成功性计算过程中，基于 MMDD 可以很容易地找到系统的成功路径。

1. 确定状态变量的生成过程

状态变量是部件组结构函数中的变量，变量的生成顺序会影响 MMDD 的

规模。如果生成顺序不合适，可能会导致 MMDD 的规模迅速增加。因此，对 MMDD 的变量生成顺序制定如下规则。

首先按照阶段顺序对部件组状态进行排序，对于同一阶段的部件组，在 MMDD 中应该优先考虑状态长度较小的部件组。比如，$F(\boldsymbol{G})=G_1G_2+G_1G_4G_5+G_3G_4$，每个部件组的状态长度为 $L(G_1)=2$，$L(G_2)=2$，$L(G_3)=2$，$L(G_4)=2$ 以及 $L(G_5)=3$。L 表示结构函数 $F(\boldsymbol{G})$ 中各个变量的最小长度。

当变量的长度相等时，应该优先考虑该长度下出现次数最多的变量。

2. 将不同阶段的 MMDD 图合并为 PMS 的最终 MMDD 图

当 PMS 在阶段 j 的结构函数是 $F_j(\boldsymbol{G})$ 时，系统在阶段 j 的 MMDD 为 B_j，则整个任务的最终 MMDD 用 B 表示，它通过 $B_1, B_2, \cdots, B_N$ 合并而成。由于所有部件组在不同阶段中的 B_i 和 $B_j(i \neq j)$ 相互独立，PMS 的结构函数可以表示为 $F(\boldsymbol{G})=\prod_{j=1}^{N} F_j(\boldsymbol{G})$。对于 PMS 中的最终 MMDD，可以将各阶段 MMDD 中的所有节点 0 合并到终端节点 0 中，然后将 B_j 中的节点 1 和 B_{j+1} 中的根节点合并到同一个节点。B 中的节点个数与 B_j 中的节点个数和任务阶段数有关。每当两个 MMDD 合并为一个 MMDD 时，上一阶段中的节点 0 和节点 1 将被移除。因此，PMS 的 MMDD 中的总节点数为 $|B|=\sum_{j=1}^{N}|B_j|-2(N-1)$，其中 $|B_j|$ 和 $|B|$ 分别表示 B_j 和 B 中的节点个数。

若 G_{ij} 表示部件组 G_i 在阶段 j 中的 MMDD 节点，且 G_{ij}^k 表示节点 G_{ij} 处于状态 k。那么，$\sum_{k=m^{(G_i)}+1}^{M^{(G_i)}}|G_{ij}^k|=M^{(G_i)}-m^{(G_i)}$，其中，$|G_{ij}^k|$ 表示指向状态 k 的边的数量。

由于齐次马尔可夫链的无记忆性，部件组 G_i 的工作状态只取决于阶段 j 初始时刻的部件状态概率向量，即阶段 $j-1$ 结束时刻的各部件状态概率向量。因此，当任务结束时 G_i 正常工作的概率为

$$
\begin{aligned}
&\Pr\{b_1^{(G_i)} \in G_{i1}^k, \cdots, b_j^{(G_i)} \in G_{ij}^k, \cdots, b_N^{(G_i)} \in G_{iN}^k, (m^{(G_i)}+1) \leqslant k \leqslant M^{(G_i)}\}= \\
&\qquad \Pr\{b_1^{(G_i)} \in G_{i1}^k, \cdots, b_j^{(G_i)} \in G_{ij}^k, \cdots, b_{N-1}^{(G_i)} \in G_{i(N-1)}^k, (m^{(G_i)}+1) \leqslant \\
&\qquad k \leqslant M^{(G_i)}\} \cdot X_N^{(G_i)} = \boldsymbol{v}_0^{(G_i)} \cdot \prod_{j=1}^{N} \boldsymbol{X}_j^{(G_i)} \cdot \boldsymbol{1}^{\mathrm{T}}
\end{aligned}
\tag{4.23}
$$

式中：$\boldsymbol{v}_0^{(G_i)}$ 表示部件组 G_i 的初始状态概率向量；$b_j^{(G_i)}$ 表示 G_i 在阶段 j 结束时刻的状态；$\boldsymbol{X}_j^{(G_i)}$ 的取值取决于 G_i 的状态：

$$
\boldsymbol{X}_j^{(G_i)}=\begin{cases}
\boldsymbol{U}_j^{(G_i)}, & G_i \text{ 包含于 } G_{ij}^k, (m^{(G_i)}+1) \leqslant k \leqslant M^{(G_i)} \\
\boldsymbol{D}_j^{(G_i)}, & G_i \text{ 不包含于 } G_{ij}^k, (m^{(G_i)}+1) \leqslant k \leqslant M^{(G_i)} \\
\boldsymbol{E}_j^{(G_i)}, & G_i \text{ 状态未知}
\end{cases}
\tag{4.24}
$$

基于PMS的MMDD,利用DFS法得到的任务成功路径,计算出任务成功概率。$n_B=\prod_{j=1}^{N} n_j$ 是任务成功路径条数,其中 n_j 是 B_i 中的路径条数。由于各部件组在不同阶段的独立性,每条路径的任务成功性概率为不同部件组在该条路径上正常工作概率的乘积。因此,PMS 的任务成功概率是各个任务成功路径的概率之和,即

$$P_{\mathrm{MS}}=\sum_{l=1}^{n_B}\Pr\{\Pi_l=1\}=\sum_{l=1}^{n_B}\prod_{i=1}^{n}\left(\boldsymbol{v}_0^{(G_i)}\cdot\prod_{j=1}^{N}X_{lj}^{(G_i)}\cdot\mathbf{1}^{\mathrm{T}}\right) \tag{4.25}$$

式中:$X_{lj}^{(G_i)}$ 是在任务成功路径 l 上产生的 $X_j^{(G_i)}$ 的值。

由此可见,PMS 的任务成功性评价方法分为三个部分,分别是部件组状态分析、PMS 的 MMDD 决策图的生成以及任务成功性计算。具体评估步骤如下:

(1)基于单个部件及其备件的状态分析部件组的状态;

(2)根据状态转移矩阵 $\boldsymbol{TM}_{(c_i)}$ 求解 $\boldsymbol{Q}^{(G_i)}$ 和 $\boldsymbol{P}^{(G_i)}$;

(3)求解部件组 G_i 在每个阶段的概率转移矩阵 $\boldsymbol{E}_j^{(G_i)}$、$\boldsymbol{U}_j^{(G_i)}$ 和 $\boldsymbol{D}_j^{(G_i)}$;

(4)对生成的部件组状态变量进行排序;

(5)绘制不同阶段的 MMDD 图,并将其合成为最终的 PMS 的 MMDD 图;

(6)为系统每个阶段建立结构函数;

(7)基于 DFS 算法确定任务成功路径;

(8)根据式(4.25)计算系统任务成功概率。

4.3.5 算例研究

利用上述评估模型,对某地空导弹武器系统在完成某次作战任务时的任务成功性进行建模和评估。该次作战任务包括装备配置、目标搜索和目标拦截三个阶段。假设该系统包含三类主要部件 c_1、c_2 和 c_3。在第一阶段,需要 c_1 工作,此时的任务结构函数为 $F_1=c_1$;在第二阶段,需要部件 c_1 工作,且部件 c_2 和 c_3 至少有一个工作,此时的任务结构函数为 $F_2=c_1c_2+c_1c_3$;在第三阶段,要求部件 c_1、c_2 和 c_3 同时工作,此时的任务结构函数为 $F_3=c_1c_2c_3$。三个阶段的持续时间分别为 $T_1=T_2=T_3=1$。

部件 c_1 和 c_2 各有三个状态 2、1、0,其中 2 为其运行状态,1 和 0 为其故障状态;部件 c_3 有 1 和 0 两个状态,其中 1 为其运行状态,0 为其故障状态。三个部件的状态转移过程如图 4.8 所示。

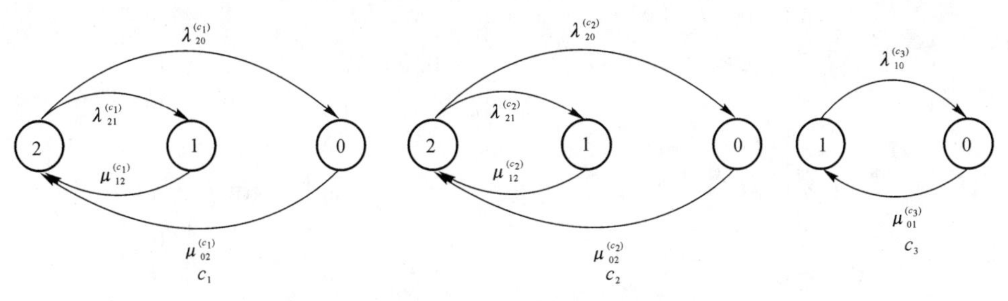

图 4.8　部件 c_1、c_2 和 c_3 的状态转移图

当每个部件分别具有一个备件时，将部件 c_1 及其备件作为部件组 G_1，将部件 c_2 及其备件作为部件组 G_2，将部件 c_3 及其备件作为部件组 G_3。根据无备件情况下 PMS 的结构函数，含有备件的 PMS 的结构函数可以表示为 $F(\boldsymbol{G})=F_1(\boldsymbol{G})F_2(\boldsymbol{G})F_3(\boldsymbol{G})=G_{11}\cdot(G_{12}G_{22}+G_{12}G_{32})\cdot(G_{13}G_{23}G_{33})$，所有的故障时间和维修时间应服从指数分布，有关可靠性和维修性的参数值见表 4.4。

表 4.4　有关可靠性和维修性的参数值

参　数	$\lambda_{21}^{(c_1)}$	$\lambda_{20}^{(c_1)}$	$\mu_{02}^{(c_1)}$	$\mu_{12}^{(c_1)}$	$\lambda_{21}^{(c_2)}$	$\lambda_{20}^{(c_2)}$	$\mu_{02}^{(c_2)}$	$\mu_{12}^{(c_3)}$	$\lambda_{10}^{(c_3)}$	$\mu_{01}^{(c_3)}$
取值/h	0.05	0.02	0.8	0.9	0.05	0.03	0.7	0.8	0.05	0.75

(1)首先，由工作部件及其备件的状态可得到各个部件组的状态空间分别为 $S_{\mathrm{IG}_1}=S_{\mathrm{IG}_2}=\{22,21,20,11,01,10,00\}$，$S_{\mathrm{IG}_3}=\{11,10,00\}$，则 $m^{(G_1)}=m^{(G_2)}=3$，$M^{(G_1)}=M^{(G_2)}=6$，$m^{(G_3)}=0$ 且 $M^{(G_3)}=2$。

(2)基于单个工作部件 c_i 的状态转移以及表 4.4 所列参数，计算部件组 G_i 的可用性模型和可靠性模型生成矩阵。以下是三个部件组的 $\boldsymbol{Q}^{(G_i)}$ 和 $\boldsymbol{P}^{(G_i)}$。

$$
\boldsymbol{Q}^{(G_1)}=\begin{matrix}6\\5\\4\\3\\2\\1\\0\end{matrix}\begin{bmatrix}-0.07 & 0.05 & 0.02 & 0 & 0 & 0 & 0\\ 0.9 & -0.97 & 0 & 0.05 & 0.02 & 0 & 0\\ 0.8 & 0 & -0.87 & 0 & 0 & 0.05 & 0.02\\ 0 & 0.9 & 0 & -0.9 & 0 & 0 & 0\\ 0 & 0.8 & 0 & 0 & -0.8 & 0 & 0\\ 0 & 0 & 0.9 & 0 & 0 & -0.9 & 0\\ 0 & 0 & 0.8 & 0 & 0 & 0 & -0.8\end{bmatrix}
$$

$$\boldsymbol{P}^{(G_1)}=\begin{matrix}6\\5\\4\\3\\2\\1\\0\end{matrix}\begin{bmatrix}-0.07 & 0.05 & 0.02 & 0 & 0 & 0 & 0\\ 0.9 & -0.97 & 0 & 0.05 & 0.02 & 0 & 0\\ 0.8 & 0 & -0.87 & 0 & 0 & 0.05 & 0.02\\ 0 & 0 & 0 & 0 & 0 & 0 & 0\\ 0 & 0 & 0 & 0 & 0 & 0 & 0\\ 0 & 0 & 0 & 0 & 0 & 0 & 0\\ 0 & 0 & 0 & 0 & 0 & 0 & 0\end{bmatrix}$$

$$\boldsymbol{Q}^{(G_2)}=\begin{matrix}6\\5\\4\\3\\2\\1\\0\end{matrix}\begin{bmatrix}-0.08 & 0.05 & 0.03 & 0 & 0 & 0 & 0\\ 0.8 & -0.88 & 0 & 0.05 & 0.03 & 0 & 0\\ 0.7 & 0 & -0.78 & 0 & 0 & 0.05 & 0.03\\ 0 & 0.8 & 0 & -0.8 & 0 & 0 & 0\\ 0 & 0.7 & 0 & 0 & -0.7 & 0 & 0\\ 0 & 0 & 0.8 & 0 & 0 & -0.8 & 0\\ 0 & 0 & 0.7 & 0 & 0 & 0 & -0.7\end{bmatrix}$$

$$\boldsymbol{P}^{(G_2)}=\begin{matrix}6\\5\\4\\3\\2\\1\\0\end{matrix}\begin{bmatrix}-0.08 & 0.05 & 0.03 & 0 & 0 & 0 & 0\\ 0.8 & -0.88 & 0 & 0.05 & 0.03 & 0 & 0\\ 0.7 & 0 & -0.78 & 0 & 0 & 0.05 & 0.03\\ 0 & 0 & 0 & 0 & 0 & 0 & 0\\ 0 & 0 & 0 & 0 & 0 & 0 & 0\\ 0 & 0 & 0 & 0 & 0 & -0 & 0\\ 0 & 0 & 0 & 0 & 0 & 0 & 0\end{bmatrix}$$

$$\boldsymbol{Q}^{(G_3)}=\begin{matrix}2\\1\\0\end{matrix}\begin{bmatrix}-0.05 & 0.05 & 0\\ 0.75 & -0.8 & 0.05\\ 0 & 0.75 & -0.75\end{bmatrix}$$

$$\boldsymbol{P}^{(G_3)}=\begin{matrix}2\\1\\0\end{matrix}\begin{bmatrix}-0.05 & 0.05 & 0\\ 0.75 & -0.8 & 0.05\\ 0 & 0 & 0\end{bmatrix}$$

(3)根据部件组的 $\boldsymbol{Q}^{(G_i)}$ 和 $\boldsymbol{P}^{(G_i)}$，可以通过式(4.22)计算得到部件组 G_1、G_2、G_3 在各阶段的转移矩阵 $\boldsymbol{E}$、$\boldsymbol{D}$、$\boldsymbol{U}$。

(4)确定不同阶段的 MMDD 生成顺序。根据 4.3.4 节 MMDD 生成顺序的规则，可以得到合并后的 PMS 的最终 MMDD，如图 4.9 所示。

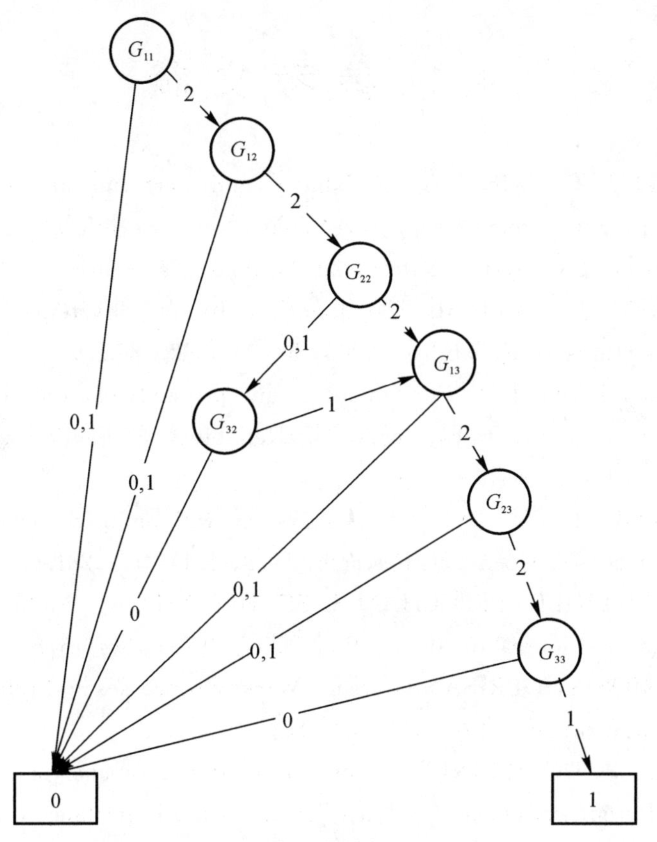

图 4.9　雷达 PMS 的最终 MMDD

(5)基于 DFS 算法确定任务成功路径。由图 4.8 可知，该 PMS 的最终 MMDD 中有两条任务成功路径，分别为 $\Pi_1 = G_{11}^{(2)}G_{12}^{(2)}G_{22}^{(2)}G_{23}^{(2)}G_{33}^{(1)}$ 和 $\Pi_2 = G_{11}^{(2)}G_{12}^{(2)}G_{22}^{(0,1)}G_{32}^{(1)}G_{23}^{(2)}G_{33}^{(1)}$。最后，根据式(4.25)计算该雷达系统的任务成功性。

$$\begin{aligned}
P_{\mathrm{MS}} &= \sum_{l=1}^{2}\Pr\{\Pi_l=1\} = \sum_{l=1}^{2}\prod_{i=1}^{3}\left(\boldsymbol{v}_0^{(G_i)}\cdot\prod_{j=1}^{N}X_{lj}^{(G_i)}\cdot\mathbf{1}^{\mathrm{T}}\right) = \\
&(v_0^{(G_1)}\cdot U_1^{(G_1)}\cdot U_2^{(G_1)}\cdot U_3^{(G_1)}\cdot\mathbf{1}^{\mathrm{T}})\times(v_0^{(G_2)}\cdot E_1^{(G_2)}\cdot U_2^{(G_2)}\cdot U_3^{(G_2)}\cdot\mathbf{1}^{\mathrm{T}})\times \\
&(v_0^{(G_3)}\cdot E_1^{(G_3)}\cdot E_2^{(G_3)}\cdot U_3^{(G_3)}\cdot\mathbf{1}^{\mathrm{T}})+(v_0^{(G_1)}\cdot U_1^{(G_1)}\cdot U_2^{(G_1)}\cdot U_3^{(G_1)}\cdot\mathbf{1}^{\mathrm{T}})\times \\
&(v_0^{(G_2)}\cdot E_1^{(G_2)}\cdot D_2^{(G_2)}\cdot U_3^{(G_2)}\cdot\mathbf{1}^{\mathrm{T}})\times(v_0^{(G_3)}\cdot E_1^{(G_3)}\cdot E_2^{(G_3)}\cdot U_3^{(G_3)}\cdot\mathbf{1}^{\mathrm{T}}) = \\
&0.9900\times0.9868\times0.9955+0.9900\times0.0023\times0.9955 = \\
&0.9725+0.0023=0.9748
\end{aligned}$$

4.4 参考文献

[1] LEVITIN G, XING L. Reliability and performance of multi-state systems with propagated failureshaving selective effect[J]. Reliability Engineering & System Safety, 2010, 95(6):655 - 661.

[2] HUANG J, ZUO M. Dominant multi-state systems [J]. IEEE Transactions on Reliability, 2004, 53(3): 362 - 368.

[3] MURCHLAND J D. Fundamental concepts and relations for reliability analysis of multi-statesystems[J]. Reliability & Fault Tree Analysis, 1975,1(3):581 - 618.

[4] BARLOW R E, WU A S. Coherent systems with multi-state components[J]. Mathematics of Operations Research, 1978, 3(4):275 - 281.

[5] EL-NEWEIHI E, PROSCHAN F, SETHURAMAN J. Multistate coherent systems[J]. Journal of Applied Probability, 1978, 15(4):675 - 688.

[6] LIMNIOS N, OPRISAN G. Semi-Markov processes and reliability[M]. Boston:Birkhäuser Boston Inc, 2001.

[7] ZIO E, PODOFILLINI L. Monte-Carlo simulation analysis of the effects on different system performance levels on the importance on multi-state components[J]. Reliability Engineering & System Safety, 2003, 82(1): 63 - 73.

[8] RAMIREZ-MARQUEZ J E, COIT D W, TORTORELLA M. A generalized multi-state-based path vector approach for multistate two-terminal reliability[J]. IIE Transactions, 2006,38(6):477 - 488.

[9] LEVITIN G. A universal generating function approach for the analysis of multi-state systems with dependent elements [J]. Reliability Engineering &System Safety, 2004, 84(3):285 - 292.

[10] LI X, HUANG H, LI Y, et al. Reliability assessment of multi-state phased mission system with non-repairable multi-state components[J]. Applied Mathematical Modelling, 2018, 61:181 - 199.

[11] ZHAO J, CAI Z, SI W, et al. Mission success evaluation of repairable phased-mission systems with spare parts[J]. Computers & Industrial Engineering, 2019, 132:248 - 259.

第5章　可修系统任务成功重要度分析

5.1　多态可修系统任务成功重要度计算方法

5.1.1　多态可修系统的传统重要性测度

本节基于 Fussell 和 Levitin 等人的研究，介绍传统的多态系统重要度计算方法，主要包含多态 Birnbaum 重要度（Multi-state Birnbaum Importance, MBI）、多态 Fussell－Vesely 重要度（Multi-state Fussell-Vesely, MFV）、性能提升值（Performance Achievement Worth, PAW）、性能降低值（Performance Risk Worth, PRW）等。

MBI 是系统性能对部件可靠性的偏导数。其计算方法为

$$\mathrm{MBI}_i=\frac{\sum_{j=0}^{M^{(a_i)}}\left|\Pr(S=W\mid a_i=j)-\Pr(S=W)\right|}{M^{(a_i)}} \tag{5.1}$$

式中：$\Pr(S=W\mid a_i=j)$ 是当部件 a_i 处于状态 j 时系统正常工作的条件概率。$\Pr(S=W)$ 表示系统正常工作的概率，$M^{(a_i)}$ 是部件 a_i 的最大状态值。

MFV 量化了部件 a_i 在某个状态下引起的系统性能的最大平均损失，则系统中任意部件 a_i 的 MFV 的计算方法为

$$\mathrm{MFV}_i=\frac{1}{M^{(a_i)}}\times\sum_{j=0}^{M^{(a_i)}}\max\left(0,1-\frac{\Pr(S=W\mid a_i=j)}{\Pr(S=W)}\right) \tag{5.2}$$

PAW 能衡量部件 a_i 的每个状态对系统性能提升的潜在平均贡献，即 PAW 表示将任一状态优化到最大可用性时引起的平均系统提升量。MSS 中部件 a_i 的 PAW 的计算方法为

$$\mathrm{PAW}_i = 1 + \frac{1}{M^{(a_i)}} \times \sum_{j=0}^{M^{(a_i)}} \max\left(0, \frac{\Pr(S=W \mid a_i = j)}{\Pr(S=W)} - 1\right) \tag{5.3}$$

PRW 表示当任一状态退化到完全不可用时引起的平均系统潜在损失量。MSS 中部件 a_i 的 PRW 的计算方法为

$$\mathrm{PRW}_i = 1 + \frac{1}{M^{(a_i)}} \times \sum_{j=0}^{M^{(a_i)}} \max\left(0, \frac{\Pr(S=W)}{\Pr(S=W \mid a_i = j)} - 1\right) \tag{5.4}$$

5.1.2 多态可修系统的任务成功重要度

系统任务成功重要度指各个部件能否正常运行对系统任务成功与否的影响，即部件 a_i 处于运行状态时相对于部件 a_i 处于故障状态下的任务成功性的差值。

本小节研究多态可修系统任务成功重要度计算方法，将系统任务成功重要度定义为系统内部件可靠性的变化对系统任务成功性的影响程度。本小节研究的多态可修系统各部件的故障时间分布函数为指数分布。

因此，部件故障时间 T 的分布函数表示为

$$F(t) = \Pr(T \leqslant t) = \int_0^t f(u)\,\mathrm{d}u, \quad t > 0 \tag{5.5}$$

其概率密度函数为

$$f(t) = \frac{\mathrm{d}}{\mathrm{d}t}F(t) = \lim_{\Delta t \to 0} \frac{F(t+\Delta t) - F(t)}{\Delta t} = \lim_{\Delta t \to 0} \frac{\Pr(t < T \leqslant t + \Delta t)}{\Delta t} \tag{5.6}$$

指数分布概率密度函数满足

$$f(t) = \begin{cases} \lambda \mathrm{e}^{-\lambda t}, & t > 0, \lambda > 0 \\ 0, & \text{其他} \end{cases} \tag{5.7}$$

因此，部件可靠性函数为

$$R(t) = \Pr(T > t) = \int_t^{\infty} f(u)\,\mathrm{d}u = \mathrm{e}^{-\lambda t}, \quad t > 0 \tag{5.8}$$

可知部件 a_i 的故障概率为

$$P(a_i = 0) = 1 - \mathrm{e}^{-\lambda T} \tag{5.9}$$

那么部件处于正常运行状态下的可靠性为

$$P(a_i = 1) = 1 - P(a_i = 0) = \mathrm{e}^{-\lambda T} \tag{5.10}$$

这里用 $P(S=1 \mid a_i = 0)$ 表示当部件 a_i 发生故障时系统正常的概率，$P(S=1 \mid a_i = 1)$ 表示当部件 a_i 正常时系统也正常的概率，其中 $S=1$ 表示系统正常。

因此，部件 a_i 的任务成功重要度为

$$I_i(\lambda,\mu)=\frac{1}{M_i}\sum_{j=0}^{M_i}\Pr(a_i=j)\times|\Pr(S=W|a_i=j)-\Pr(S=W)| \quad (5.11)$$

其中，$I_i(\lambda,\mu)$ 表示部件 a_i 的任务成功重要度，因为本书研究的是涉及可靠性参数 λ 和维修性参数 μ 的任务成功性及部件任务成功重要度，所以部件任务成功重要度 $I_i(\lambda,\mu)$ 中含有可靠性参数 λ 和维修性参数 μ。

部件任务成功重要度计算公式中 j 是指部件 a_i 的状态，$S=W$ 意味着系统正常。$\Pr(S=W|a_i=j)$ 是指当部件 a_i 为状态 j 时，系统正常的概率。

因此，部件 a_i 的任务成功重要度可表示为

$$\begin{aligned}I_i(\lambda,\mu)&=\frac{1}{M_i}\sum_{j=0}^{M_i}\Pr(a_i=j)\times|\Pr(S=W|a_i=j)-\Pr(S=W)|=\\&\frac{1}{M_i}\sum_{j=0}^{M_i}\Pr(a_i=j)\times\left|\frac{\Pr(S=W,a_i=j)}{\Pr(a_i=j)}-\Pr(S=W)\right| \quad (5.12)\end{aligned}$$

针对多态串联、并联和 n 中取 k 等典型可修系统，由上述重要度计算公式即可得到各部件任务成功重要度。

5.1.3　任务成功重要度计算步骤

本节针对多态系统中的部件，提出基于 MMDD 的部件任务成功重要度计算方法，具体的计算步骤如下所述。

(1) 根据 Li 等人的研究，构建多态系统的 MMDD 模型。

(2) 利用 DFS 方法得到 MMDD 模型中的任务成功路径。

(3) 基于马尔可夫过程的状态转移图，得到任一部件 a_i 的可用性模型生成矩阵 $\boldsymbol{Q}^{(a_i)}$、可靠性模型生成矩阵 $\boldsymbol{P}^{(a_i)}$，以及状态转移概率矩阵 $\boldsymbol{E}^{(a_i)}$，$\boldsymbol{U}^{(a_i)}$ 和 $\boldsymbol{D}^{(a_i)}$。

(4) 基于步骤(3) 中的概率矩阵计算每个部件正常工作和失效的概率，以及每条成功路径的发生概率。

(5) 部件 a_i 处于状态 j 的概率 $\Pr(a_i=j)$ 的值可由式(4.12) 计算得到。多态可修系统的任务成功性 $\Pr(S=W)$ 可由式(4.25) 计算得到。条件概率 $\Pr(S=W|a_i=j)$ 是任务成功重要度计算的关键，同样，可利用式(4.25) 计算当已知部件 a_i 的状态为 j 时系统的任务成功性。

基于这种方法，MMDD 也可以用于评估具有两个以上性能水平的多态任务系统。首先，分析系统能够完成所需功能的所有可能状态。其次，分别构造这些状态的 MMDD，得到相应的任务成功路径。再次，通过步骤(3) 和(4) 计算系统的状态概率。最后，系统的任务成功概率即为所有系统状态概率的和。在本章

中，为简单应用上述方法，系统的性能简化为只有工作和故障两个级别。

5.1.4 计算复杂度分析

为了分析基于 MMDD 的任务成功重要度的计算复杂度，首先需要分析 $\Pr(S=W\mid a_i=j)$ 和 $\Pr(S=W)$ 的计算过程，再根据式(5.12)得到任务成功重要度。$\Pr(S=W\mid a_i=j)$ 和 $\Pr(S=W)$ 计算公式的伪代码见表 5.1。

表 5.1 $\Pr(S=W\mid a_i=j)$ 计算公式的伪代码

$\Pr(S=W\mid a_i=j)$	for 所有任务成功路径 n_B
	for 系统中的 n 个部件
	if 已知部件 a_i 的状态为 j
	then 设置 $v_B^{(a_i)}\cdot DU_j^{(a_i)}\cdot\mathbf{1}^{\mathrm{T}}$ 的值为 1 或 0
	else
	计算 $v_B^{(a_i)}\cdot DU_j^{(a_i)}\cdot\mathbf{1}^{\mathrm{T}}$ 的值
	end if
	end for
	计算当前路径的成功概率
	end for

$\Pr(S=W)$	for 所有任务成功路径 n_B for 系统中的 n 个部件 计算 $v_B^{(a_i)}\cdot DU_j^{(a_i)}\cdot\mathbf{1}^{\mathrm{T}}$ 的值 end for 计算当前路径的成功概率 end for

由任务成功重要度的计算过程可知，首先应该计算 $\Pr(S=W)$，需要的迭代次数为 $n\cdot n_B$；$\Pr(S=W\mid a_i=j)$ 在部件状态未知的情况下需要执行$(M^{(a_i)}+1)$次，每次需要迭代 $n\cdot n_B$ 次。因此，在任务成功重要度的计算过程中，总共需要迭代$(M^{(a_i)}+2)(n\cdot n_B)$次。如果某 MSS 的 MMDD 存在 n_B 条成功路径，且每个部件具有$(M^{(a_i)}+1)$个状态，最坏情况下的迭代次数应该为$(M+2)(n\cdot n_B)$次，其中 $M=\max\{M^{(a_i)},i=1,2,\cdots,n\}$。因此，基于 MMDD 的任务成功重要度的计算复杂度为 $O[(M+2)(n\cdot n_B)]$。

5.2　多态串联可修系统

若系统由 n 个部件组成，当且仅当 n 个部件全部正常工作时，系统才正常工作，只要有一个部件发生故障，则系统发生故障，这时称系统是由 n 个部件组成的串联系统。多态串联可修系统结构如图 5.1 所示。

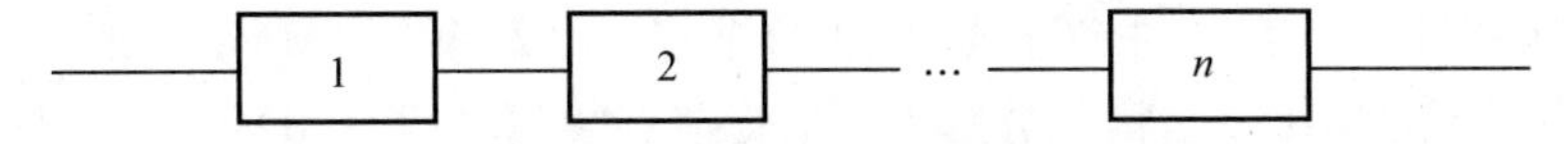

图 5.1　n 个部件多态串联可修系统结构

本节以温度控制无线传感网络为研究对象，系统由 n 个可修传感器部件和一套专用维修设备组成一个串联系统，此多态串联可修系统中每个可修部件之间互不干扰，每个部件有 $\{0,1,2,\cdots,n\}$ 个状态，当满足给定条件时部件可以从一个状态转移到另一个状态。在多态串联可修系统中，各部件的失效时间均服从参数为 λ（可靠性参数）的指数分布，各部件的维修时间均服从参数为 μ（维修性参数）的指数分布。失效部件经过修复后认为同完好部件没有任何差别，部件各功能参数均为初始正常状态。

现在，将第 i 个部件的寿命表示为 X_i，其工作时间为 t_i 的部件可靠性为 $R_i(t)=P\{X_i>t\}$，$X_1,X_2,\cdots,X_n$ 相互之间没有影响，系统工作时间为 t_s，则此多态串联可修系统可靠性为

$$R_s(t)=P(X_1>t_1,\cdots,X_n>t_n)=\prod_{i=1}^{n}P(X_i>t_i)=\prod_{i=1}^{n}R_i(t_i) \quad (5.13)$$

因此，系统可靠性可以表示为

$$R_s(t)=\prod_{i=1}^{n}R_i(t_i)=\prod_{i=1}^{n}\mathrm{e}^{-\lambda_i t_i} \quad (5.14)$$

5.2.1　基于 MMDD 的系统任务成功性分析

基于 MMDD 进行多态串联可修系统任务成功性分析主要包括三个部分。首先针对多态串联可修系统建立 MMDD 模型，搜索任务成功路径；然后通过马尔可夫链建立各部件状态转移矩阵，计算每条任务成功路径的概率；最后计算系统任务成功性联合概率，完成任务成功性分析。

1. 多态串联可修系统 MMDD 模型建立

根据图 5.1 所示的 n 个部件串联系统结构，建立多态串联可修系统 MMDD 模型，具体过程如下：

首先，分析此多态串联可修系统的 n 个组成部件的所有状态，确定 MMDD 的状态变量；

其次，按照系统的部件组成顺序确定 MMDD 的生成顺序；

再次，以状态变量为非终节点，以非终节点的所有状态取值为单向箭线，按照生成顺序指向下一个非终节点，直到终节点 0、1 结束，当 MMDD 结构图较为复杂时，可将 MMDD 结构图分解为对应终节点“0”和“1”的 MMDD 子图；

最后，基于建立的 MMDD 模型，搜索所有任务成功路径，并用若干布尔变量的乘积表示出来。

2. 多态串联可修系统任务成功性分析

图 5.2 所示为 n 个部件串联可修系统生成的 MMDD 模型，用若干布尔变量的乘积表示 MMDD 模型中每条任务成功的路径 Π（本书提到的布尔变量均是相互独立的），这样的路径总共有 n_B 条，则该并联可修系统任务成功（$\phi=1$）概率即为

$$R_{(s)}=\Pr(\phi=1)=\prod_{j=1}^{n_B}\Pr(\Pi_j=1) \tag{5.15}$$

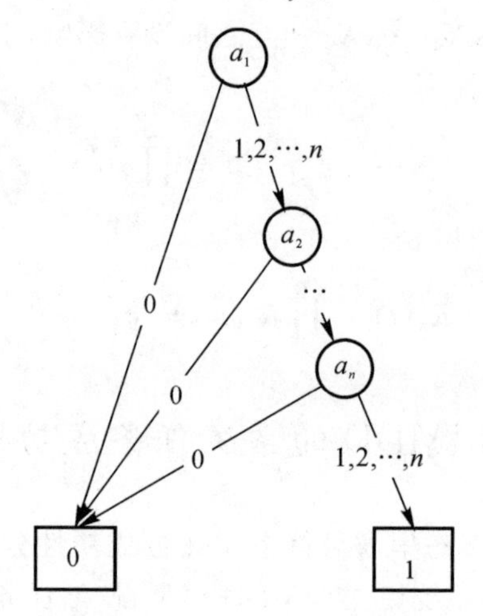

图 5.2　串联系统 MMDD 模型

本书 MMDD 模型中所有任务成功路径通过 DFS 算法枚举出。利用式(5.14)计算每个部件的可靠性，再计算每条任务成功路径的概率，然后利用每条

路径任务成功概率计算公式得到路径 $\Pi=1$ 的概率。在计算出 MMDD 的所有路径任务成功概率后，利用式(5.15)计算得到多态串联可修系统任务成功概率。

生成多态串联可修系统的各部件可用度模型生成矩阵 $\boldsymbol{Q}^{(a)}$、可靠度模型生成矩阵 $\boldsymbol{P}^{(a)}$，以及转移概率矩阵 $\boldsymbol{E}^{(a)}$、$\boldsymbol{U}^{(a)}$、$\boldsymbol{D}^{(a)}$ 中都含有可靠性参数 λ 和维修性参数 μ，因此根据系统的可靠性参数和维修性参数，计算各生成矩阵，利用马尔可夫链分析各部件状态转移过程，计算其状态转移概率。

针对多态串联可修系统，任务成功路径只有一条，因此任务成功路径 $\Pi=1$ 即可表示为 $\Pi=a_1\times a_2\cdots\times a_n$，根据马尔可夫转移过程计算出各部件不失效的概率，即可得到该可修系统任务成功性联合概率。

本小节结合 4.2.2 小节多态可修系统任务成功性评估模型，提出多态串联可修系统任务成功性分析方法，其步骤如下：

(1)根据多态串联可修系统部件组成确定系统任务需求和各部件状态。

(2)根据任务需求、部件状态，利用故障树分析方法建立该任务系统的 MMDD 模型。

(3)利用马尔可夫链建立多态串联可修系统在执行任务中每个部件的失效模型，分析部件状态转移过程。

(4)列举出 MMDD 模型中从根节点到终节点 1 的路径，构成一个不交路径集，并计算每条路径的概率。

(5)计算多态串联可修系统任务成功性联合概率，完成任务成功性分析。

5.2.2　基于 MMDD 的系统任务成功重要度计算

本书系统任务成功重要度定义为系统内部件可靠性的变化对系统任务成功性的影响程度。现对多态串联可修系统进行如下假设：

(1) 系统 S 由 n 个部件 $\{a_1,a_2,\cdots,a_i,\cdots a_n\}$ 串联组成；

(2) 系统中各部件的可靠性参数与维修性参数均相互独立；

(3) $a_i=1$ 表示部件 a_i 处于正常运行状态，$a_i=0$ 表示部件 a_i 处于失效状态；

(4) 系统的可靠性用符号 P 表示，且部件 a_i 的可靠性用 P_i 表示，即 $P_i=P(a_i=1)$；

(5) 如果部件 i 的状态为 q_i，且状态 q_1 优于状态 q_2，系统可靠性有 $P(S=1\mid q_i=q_1)>P(S=1\mid q_i=q_2)$，则可知提高某部件的可靠性必然导致系统可靠性的提升。

由于部件 a_i 的失效时间的分布函数为指数分布，所以部件 a_i 的失效概率为

$$P(a_i=0)=1-\mathrm{e}^{-\lambda T} \tag{5.16}$$

那么部件的可靠性(处于正常运行状态下的概率)可以表示为

$$P(a_i=1)=1-P(a_i=0)=e^{-\lambda T} \tag{5.17}$$

这里用 $P(S=1 \mid a_i=0)$ 表示部件 a_i 失效时系统正常的概率，$P(S=1 \mid a_i=1)$ 表示部件 a_i 正常时系统也正常的概率，其中 $S=1$ 表示系统正常，则部件 a_i 的任务成功重要度 $I_i(\lambda,\mu)$ 为

$$I_i(\lambda,\mu)=\frac{1}{M_i}\sum_{j=0}^{M_i}\Pr(a_i=j)\times\left|\Pr(S\geqslant 1|a_i=j)-\Pr(S\geqslant 1)\right| \tag{5.18}$$

式中：j 表示部件 a_i 的状态，$S\geqslant 1$ 表示系统正常。部件状态概率 $\Pr(a_i=j)$ 可以根据式(5.15)、式(5.17)以及马尔可夫状态转移过程计算出。系统成功的状态概率为 $\Pr(S\geqslant 1)$，系统失效的状态概率为 $\Pr(S<1)$，部件处于状态 j 时系统成功 $S\geqslant 1$ 的条件概率 $\Pr(S\geqslant 1|a_i=j)$ 和系统失效的条件概率 $\Pr(S<1|a_i=j)$ 之间可以根据全概率公式相互转化：

$$\left.\begin{aligned}&\Pr(S\geqslant 1)+\Pr(S<1)=1\\&\Pr(S\geqslant 1|a_i=j)+\Pr(S<1|a_i=j)=1\end{aligned}\right\} \tag{5.19}$$

本小节结合 3.1.1 小节基于 MMDD 的多态串联可修系统任务成功性评估方法，提出基于 MMDD 的多态串联可修系统任务成功重要度计算方法，步骤如下：

(1)确定多态串联可修系统 MMDD 模型(详见 5.3.1 小节)。

(2)用布尔变量的乘积表示 MMDD 模型中从根节点到终节点“1”的所有路径，通过 DFS 算法枚举出。

(3)根据马尔可夫过程计算多态串联可修系统各部件的可用度模型生成矩阵、可靠度模型生成矩阵以及转移概率矩阵。

(4)基于马尔可夫转移过程和上述生成矩阵计算每条任务成功路径的概率，并得到任务成功性分析结果。

(5)计算部件各个状态的概率 $\Pr(a_i=j)$、系统正常的概率 $\Pr(S\geqslant 1)$ 以及部件为状态 j 时系统正常的条件概率 $\Pr(S\geqslant 1|a_i=j)$。系统正常的概率即系统的任务成功性，部件各个状态的概率根据式(4.13)、式(4.15)和转移概率矩阵计算。

(6)根据式(5.18)计算多态串联可修系统每个部件的任务成功重要度。

5.2.3 算例研究

如图 5.3 所示，以温度控制无线传感网络中某传感器子系统为研究对象，该系统包括三个传感器部件 a_1、a_2 和 a_3。其中部件 a_1、a_2 包括 0、1、2 三种不同状

态，状态 1、2 表示部件 a_1 和 a_2 正常，状态 0 表示其失效；部件 a_3 包含 0、1、2 三种不同状态，状态 2 表示部件 a_3 正常，状态 0、1 表示其失效。此传感器子系统的结构函数为 $\phi = a_1 \times a_2 \times a_3$。

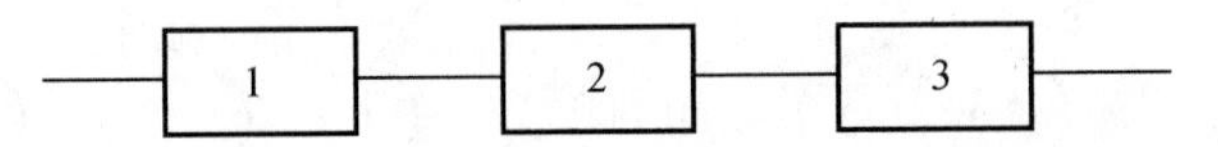

图 5.3　温度控制无线传感网络串联系统结构

1. 建立传感器子系统 MMDD 模型

根据 5.3.1 小节所述 MMDD 模型建立步骤，分析此串联可修系统组成，确定 MMDD 各部件的状态变量，建立此多态串联传感器子系统 MMDD 模型并进行必要的简化，MMDD 模型如图 5.4 所示。

2. 传感器子系统任务成功性分析

将此结构函数为 $\phi = a_1 \times a_2 \times a_3$ 的串联系统生成的 MMDD 记为 B。针对此传感器子系统 MMDD 模型用若干布尔变量的乘积表示模型中的任务成功路径 Π（本书提到的布尔变量均是相互独立的），这样的路径总共有 n_B 条。针对每条路径上的部件，生成串联系统各部件可用度模型生成矩阵 $\boldsymbol{Q}^{(a)}$、可靠度模型生成矩阵 $\boldsymbol{P}^{(a)}$，以及转移概率矩阵 $\boldsymbol{E}^{(a)}$、$\boldsymbol{U}^{(a)}$、$\boldsymbol{D}^{(a)}$ 中均含有可靠性参数 λ 和维修性参数 μ，代入式(5.15)中，即可算出系统任务成功性的概率。

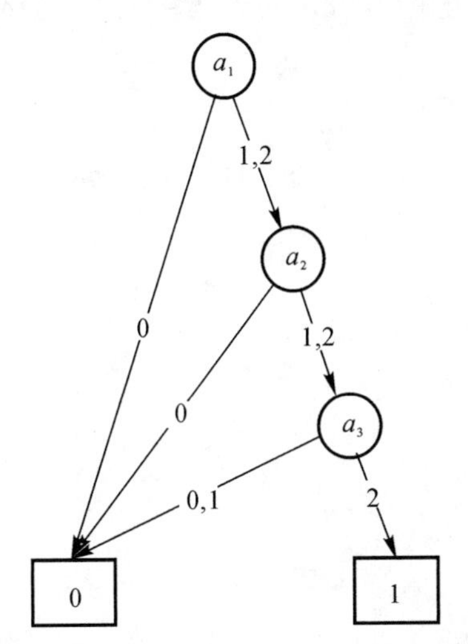

图 5.4　三部件串联系统生成的 MMDD 模型

根据前文所述部件状态转移情况，传感器子系统部件 a_1、a_2 和 a_3 的状态转移过程如图 5.5 所示。

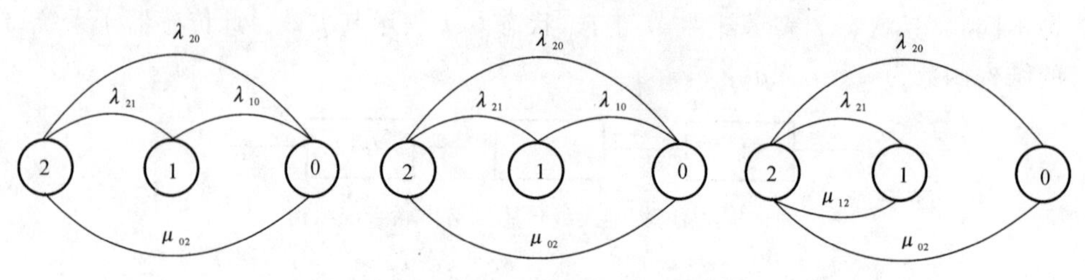

图 5.5　串联系统各部件状态转移过程图

根据部件状态转移，可以分别写出传感器子系统部件 a_1、a_2 和 a_3 的可用度模型生成矩阵 $\boldsymbol{Q}$ 和可靠度模型生成矩阵 $\boldsymbol{P}$：

$$\boldsymbol{Q}^{(a_1)}=\begin{matrix}2\\1\\0\end{matrix}\begin{bmatrix}-(\lambda_{21}^{(a_1)}+\lambda_{20}^{(a_1)}) & \lambda_{21}^{(a_1)} & \lambda_{20}^{(a_1)}\\ 0 & -\lambda_{10}^{(a_1)} & \lambda_{10}^{(a_1)}\\ \mu_{02}^{(a_1)} & 0 & -\mu_{02}^{(a_1)}\end{bmatrix}$$

$$\boldsymbol{P}^{(a_1)}=\begin{matrix}2\\1\\0\end{matrix}\begin{bmatrix}-(\lambda_{21}^{(a_1)}+\lambda_{20}^{(a_1)}) & \lambda_{21}^{(a_1)} & \lambda_{20}^{(a_1)}\\ 0 & -\lambda_{10}^{(a_1)} & \lambda_{10}^{(a_1)}\\ 0 & 0 & 0\end{bmatrix}$$

$$\boldsymbol{Q}^{(a_2)}=\begin{matrix}2\\1\\0\end{matrix}\begin{bmatrix}-(\lambda_{21}^{(a_2)}+\lambda_{20}^{(a_2)}) & \lambda_{21}^{(a_2)} & \lambda_{20}^{(a_2)}\\ 0 & -\lambda_{10}^{(a_2)} & \lambda_{10}^{(a_2)}\\ \mu_{02}^{(a_2)} & 0 & -\mu_{02}^{(a_2)}\end{bmatrix}$$

$$\boldsymbol{P}^{(a_2)}=\begin{matrix}2\\1\\0\end{matrix}\begin{bmatrix}-(\lambda_{21}^{(a_2)}+\lambda_{20}^{(a_2)}) & \lambda_{21}^{(a_2)} & \lambda_{20}^{(a_2)}\\ 0 & -\lambda_{10}^{(a_2)} & \lambda_{10}^{(a_2)}\\ 0 & 0 & 0\end{bmatrix}$$

$$\boldsymbol{Q}^{(a_3)}=\begin{matrix}2\\1\\0\end{matrix}\begin{bmatrix}-(\lambda_{21}^{(a_3)}+\lambda_{20}^{(a_3)}) & \lambda_{21}^{(a_3)} & \lambda_{20}^{(a_3)}\\ \mu_{12}^{(a_3)} & -\mu_{12}^{(a_3)} & 0\\ \mu_{02}^{(a_3)} & 0 & -\mu_{02}^{(a_3)}\end{bmatrix}$$

$$\boldsymbol{P}^{(a_3)}=\begin{matrix}2\\1\\0\end{matrix}\begin{bmatrix}-(\lambda_{21}^{(a_3)}+\lambda_{20}^{(a_3)}) & \lambda_{21}^{(a_3)} & \lambda_{20}^{(a_3)}\\ 0 & 0 & 0\\ 0 & 0 & 0\end{bmatrix}$$

本书研究的是系统内各部件可靠性参数 λ 与维修性参数 μ 对系统任务成功重要度的影响，对于此传感器子系统，其中各部件的类型、参数等都是给定的，且相互处于独立的关系,故给定的各部件的可靠性参数 λ 与维修性参数 μ 见表5.2。

表 5.2　各部件的可靠性参数 λ 与维修性参数 μ

参　数	取　值	参　数	取　值
$\lambda_{20}^{(a_1)}$	0.010	$\lambda_{10}^{(a_2)}$	0.030
$\lambda_{21}^{(a_1)}$	0.025	$\mu_{02}^{(a_2)}$	0.935
$\lambda_{10}^{(a_1)}$	0.030	$\lambda_{20}^{(a_3)}$	0.083
$\mu_{02}^{(a_1)}$	0.961	$\lambda_{21}^{(a_3)}$	0.065
$\lambda_{20}^{(a_2)}$	0.020	$\mu_{12}^{(a_3)}$	0.930
$\lambda_{21}^{(a_2)}$	0.015	$\mu_{02}^{(a_3)}$	0.863

由式(4.10)可分别得出各部件在任务周期内的转移率矩阵 $\boldsymbol{E}^{(a)}$、保持正常运行状态的转移率矩阵 $\boldsymbol{U}^{(a)}$ 和处于失效状态的转移率矩阵 $\boldsymbol{D}^{(a)}$,周期 $T=1$,具体如下。

部件 a_1 在任务周期内的转移概率矩阵为

$$\boldsymbol{E}^{(a_1)}=\begin{bmatrix}0.969\ 2 & 0.024\ 2 & 0.006\ 6\\ 0.010\ 5 & 0.970 & 0.019\ 0\\ 0.606\ 1 & 0.008\ 7 & 0.385\ 2\end{bmatrix}$$

部件 a_1 保持正常运行状态和处于失效状态的转移率矩阵分别为

$$\boldsymbol{U}^{(a_1)}=\begin{bmatrix}0.965\ 6 & 0.024\ 2 & 0\\ 0 & 0.970\ 4 & 0\\ 0 & 0 & 0\end{bmatrix}$$

$$\boldsymbol{D}^{(a_1)}=\begin{bmatrix}0.003\ 6 & 0 & 0.006\ 6\\ 0.010\ 5 & 0.000\ 1 & 0.019\ 0\\ 0.606\ 1 & 0.008\ 7 & 0.385\ 1\end{bmatrix}$$

部件 a_2 在任务周期内的转移概率矩阵为

$$\boldsymbol{E}^{(a_2)}=\begin{bmatrix}0.972\ 5 & 0.014\ 6 & 0.012\ 9\\ 0.010\ 3 & 0.970\ 5 & 0.019\ 2\\ 0.597\ 1 & 0.005\ 1 & 0.397\ 7\end{bmatrix}$$

部件 a_2 保持正常运行状态和处于失效状态的转移率矩阵分别为

$$U^{(a_2)}=\begin{bmatrix}0.9656 & 0.0145 & 0\\ 0 & 0.9704 & 0\\ 0 & 0 & 0\end{bmatrix}$$

$$D^{(a_2)}=\begin{bmatrix}0.0069 & 0 & 0.0129\\ 0.0103 & 0.0001 & 0.0192\\ 0.5971 & 0.0051 & 0.3977\end{bmatrix}$$

部件 a_3 在任务周期内的转移概率矩阵为

$$E^{(a_3)}=\begin{bmatrix}0.9080 & 0.0398 & 0.0523\\ 0.5687 & 0.4105 & 0.0208\\ 0.5433 & 0.0151 & 0.4416\end{bmatrix}$$

部件 a_3 保持正常运行状态和处于失效状态的转移率矩阵分别为

$$U^{(a_3)}=\begin{bmatrix}0.8624 & 0 & 0\\ 0 & 0 & 0\\ 0 & 0 & 0\end{bmatrix}$$

$$D^{(a_3)}=\begin{bmatrix}0.0456 & 0.0398 & 0.0523\\ 0.5687 & 0.4105 & 0.0208\\ 0.5433 & 0.0151 & 0.4416\end{bmatrix}$$

本书 MMDD 中所有任务成功路径通过 DFS 算法枚举出。利用式(4.13)计算每个部件的可靠性,利用式(5.15)计算每条任务成功路径的概率,然后将不同部件的概率相乘以得到路径 $\Pi=1$ 的概率。计算出 MMDD 的所有任务成功路径概率后,求和得到系统任务成功性概率。

针对图 5.4 中由结构函数 $\phi=a_1\times a_2\times a_3$ 生成的传感器子系统 MMDD 模型,由于该系统为多态串联可修系统,由三个部件 a_1、a_2、a_3 组成,所以 MMDD 模型中任务成功路径只有 1 条 $a_1a_2a_3$:

$$\Pi=a_{1(1,2)}a_{2(1,2)}a_{3(1)}$$

其中,$a_{1(1,2)}$ 表示部件 a_1 处于 1、2 状态,$a_{2(1,2)}$ 表示部件 a_2 处于 1、2 状态,$a_{3(2)}$ 表示部件 a_3 处于 2 状态。因此,得到传感器子系统任务成功性联合概率为

$$\Pr(\Pi=1)=\Pr(a_{1(1,2)})\cdot\Pr(a_{2(1,2)})\cdot\Pr(a_{3(2)})$$

若已知 MMDD 模型中的每条任务成功路径概率,系统任务成功性便可由上式计算得出。

三个部件 a_1、a_2 和 a_3 的初始状态概率矩阵均为 $\boldsymbol{v}_B=[0.90\quad 0.05\quad 0.05]$。

该传感器子系统三个部件 a_1、a_2、a_3 的失效时间分布函数为指数分布,因此可知部件 $a_i(i=1,2,3)$ 的失效概率可由式(5.16)和式(5.17)计算得出。

因此,传感器子系统任务成功性联合概率为

$$\Pr(\Pi=1)=\Pr(a_{1(1,2)})\cdot\Pr(a_{2(1,2)})\cdot\Pr(a_{3(2)})=$$

$$(v_B^{a_1}\cdot U_{1,2}^{(a_1)}\cdot\mathbf{1}^{\mathrm{T}})\times(v_B^{a_2}\cdot U_{1,2}^{(a_2)}\cdot\mathbf{1}^{\mathrm{T}})\times(v_B^{a_3}\cdot U_{1,2}^{(a_3)}\cdot\mathbf{1}^{\mathrm{T}})=$$

$$0.939\,3\times0.930\,6\times0.776\,2=0.678\,5$$

3. 传感器子系统任务成功重要度计算

本小节利用多态串联可修系统任务成功重要度评估方法进行算例研究，验证该任务成功重要度计算方法的有效性。

根据表 5.2 中的参数值，并将式(5.16) 的部件可靠性计算结果和系统任务成功性计算结果代入式(5.18) 中，计算得出部件 a_i 的任务成功重要度。

部件 a_1 的任务成功重要度为

$$I_1(\lambda,\mu)=\frac{1}{2}\sum_{j=0}^{2}\Pr(a_1=j)\times\left|\frac{\Pr(S\geqslant1,a_1=j)}{\Pr(a_1=j)}-\Pr(S\geqslant1)\right|=$$

$$\frac{1}{2}\times(0.903\,1\times0.043\,8+0.070\,8\times0.043\,8+$$

$$0.026\,1\times0.678\,5)=0.030\,2$$

部件 a_2 的任务成功重要度为

$$I_2(\lambda,\mu)=\frac{1}{2}\sum_{j=0}^{2}\Pr(a_2=j)\times\left|\frac{\Pr(S\geqslant1,a_2=j)}{\Pr(a_2=j)}-\Pr(S\geqslant1)\right|=$$

$$\frac{1}{2}\times(0.905\,6\times0.050\,6+0.061\,9\times0.050\,6+$$

$$0.032\,5\times0.678\,5)=0.035\,5$$

部件 a_3 的任务成功重要度为

$$I_3(\lambda,\mu)=\frac{1}{2}\sum_{j=0}^{2}\Pr(a_3=j)\times\left|\frac{\Pr(S\geqslant1,a_3=j)}{\Pr(a_3=j)}-\Pr(S\geqslant1)\right|=$$

$$\frac{1}{2}\times(0.872\,8\times0.195\,7+0.057\,1\times0.678\,5+$$

$$0.070\,1\times0.678\,5)=0.128\,6$$

由于多态串联可修系统内各个部件的可靠性参数 λ 和可维修性参数 μ 均相互独立，所以系统内各部件的重要度也是相互独立的，即系统内各部件可靠性和维修性变化对系统任务成功性的影响程度是相互独立的。

因此，各部件任务成功重要度 $I_1<I_2<I_3$，传感器部件 a_3 在此三部件串联传感器子系统中相对处于比较薄弱的环节，可以有针对性地提高部件 a_3 的可靠性参数和可维修性参数以提高部件 a_3 的可靠性，进而提高整个系统的任务成功性，这就是研究任务成功重要度的意义所在。

5.2.4 任务成功重要度的工程意义

以 5.2.1 小节所述的温度控制无线传感网络为研究对象，针对此多态串联可修系统，根据 5.2.3 小节任务成功重要度计算方法，按照重要度由小到大，三个部件任务成功重要度计算值由小到大表示为 $I_1 < I_2 < I_3$。下面计算各个部件的 MBI 重要度、F－V 重要度和 CIM 重要度。

1. MBI 重要度计算

部件 a_1 的 MBI 重要度为

$$\mathrm{MBI}_1 = \frac{\sum_{j=0}^{M^{(a_1)}} \left| \Pr(S=W \mid a_1=j) - \Pr(S=W) \right|}{M^{(a_1)}} =$$

$$\frac{1}{2} \times (|0.722\,3 - 0.678\,5| + |0.722\,3 - 0.678\,5| +$$

$$|0 - 0.678\,5|) = \frac{1}{2} \times (0.044\,8 + 0.044\,8 + 0.678\,5) = 0.383\,1$$

部件 a_2 的 MBI 重要度为

$$\mathrm{MBI}_2 = \frac{1}{M^{(a_2)}} \sum_{j=0}^{M^{(a_2)}} \left| \Pr(S=W \mid a_2=j) - \Pr(S=W) \right| =$$

$$\frac{1}{2} \times (|0.729\,1 - 0.678\,5| + |0.729\,1 - 0.678\,5| +$$

$$|0 - 0.678\,5|) = \frac{1}{2} \times (0.050\,6 + 0.050\,6 + 0.678\,5) = 0.389\,9$$

部件 a_3 的 MBI 重要度为

$$\mathrm{MBI}_3 = \frac{1}{M^{(a_3)}} \sum_{j=0}^{M^{(a_3)}} \left| \Pr(S=W \mid a_3=j) - \Pr(S=W) \right| =$$

$$\frac{1}{2} \times (|0.874\,2 - 0.678\,5| + |0 - 0.678\,5| + |0 - 0.678\,5|) =$$

$$\frac{1}{2} \times (0.112\,32 + 0.112\,32 + 0.020\,195) = 0.776\,4$$

因此，该多态串联可修系统三个部件 BM 重要度计算值由小到大的表示为 $\mathrm{MBI}_1 < \mathrm{MBI}_2 < \mathrm{MBI}_3$。

2. F－V 重要度

部件 a_1 的 F－V 重要度为

$$\mathrm{MFV}_1=\frac{1}{2}\times\left(\max\left(0,1-\frac{\Pr(S=0\mid a_1=2)}{\Pr(S=0)}\right)+\right.$$
$$\left.\max\left(0,1-\frac{\Pr(S=0\mid a_1=1)}{\Pr(S=0)}\right)+\max\left(0,1-\frac{\Pr(S=0\mid a_1=0)}{\Pr(S=0)}\right)\right)=$$
$$\frac{1}{2}\times\left(\max\left(0,1-\frac{\Pr(S=0,a_1=2)}{\Pr(a_1=2)\times\Pr(S=0)}\right)+\right.$$
$$\max\left(0,1-\frac{\Pr(S=0,a_1=1)}{\Pr(a_1=1)\times\Pr(S=0)}\right)+$$
$$\left.\max\left(0,1-\frac{\Pr(S=0,a_1=0)}{\Pr(a_1=0)\times\Pr(S=0)}\right)\right)=$$
$$\frac{1}{2}\times(0.136\ 2+0.136\ 2+0)=0.136\ 2$$

部件 a_2 的 F－V 重要度为

$$\mathrm{MFV}_2=\frac{1}{2}\times\left(\max\left(0,1-\frac{\Pr(S=0\mid a_2=2)}{\Pr(S=0)}\right)+\right.$$
$$\left.\max\left(0,1-\frac{\Pr(S=0\mid a_2=1)}{\Pr(S=0)}\right)+\max\left(0,1-\frac{\Pr(S=0\mid a_2=0)}{\Pr(S=0)}\right)\right)=$$
$$\frac{1}{2}\times(0.1574+0.1574+0)=0.157\ 3$$

部件 a_3 的 F－V 重要度为

$$\mathrm{MFV}_3=\frac{1}{2}\times\left(\max\left(0,1-\frac{\Pr(S=0\mid a_3=2)}{\Pr(S=0)}\right)+\right.$$
$$\left.\max\left(0,1-\frac{\Pr(S=0\mid a_3=1)}{\Pr(S=0)}\right)+\max\left(0,1-\frac{\Pr(S=0\mid a_3=0)}{\Pr(S=0)}\right)\right)=$$
$$\frac{1}{2}\times(0.608\ 7+0+0)=0.304\ 4$$

因此，三个部件 FV 重要度计算值由小到大的表示为 $\mathrm{MFV}_1<\mathrm{MFV}_2<\mathrm{MFV}_3$。

3. PAW 计算

部件 a_1 的 PAW 为

$$\mathrm{PAW}_1=1+\frac{1}{M^{(a_1)}}\times\sum_{j=0}^{M^{(a_1)}}\max\left(0,\frac{\Pr(S=W\mid a_1=j)}{\Pr(S=W)}-1\right)=$$
$$1+\frac{1}{2}\times\left(\max\left(0,\frac{0.722\ 3}{0.678\ 5}-1\right)+\max\left(0,\frac{0.722\ 3}{0.678\ 5}-1\right)+\right.$$
$$\left.\max(0,0-1)\right)=1.064\ 6$$

部件 a_2 的 PAW 为

$$\mathrm{PAW}_2 = 1 + \frac{1}{M^{(a_2)}} \times \sum_{j=0}^{M^{(a_2)}} \max\left(0, \frac{\Pr(S=W \mid a_2=j)}{\Pr(S=W)} - 1\right) =$$

$$1 + \frac{1}{2} \times \left(\max\left(0, \frac{0.7291}{0.6785} - 1\right) + \max\left(0, \frac{0.7291}{0.6785} - 1\right) + \max(0, 0-1)\right) = 1.0745$$

部件 a_3 的 PAW 为

$$\mathrm{PAW}_3 = 1 + \frac{1}{M^{(a_3)}} \times \sum_{j=0}^{M^{(a_3)}} \max\left(0, \frac{\Pr(S=W \mid a_3=j)}{\Pr(S=W)} - 1\right) =$$

$$1 + \frac{1}{2} \times \left(\max\left(0, \frac{0.8742}{0.6785} - 1\right) + \max(0, 0-1) + \max(0, 0-1)\right) = 1.1442$$

三个部件按照 PAW 值由小到大表示为 $\mathrm{PAW}_1 < \mathrm{PAW}_2 < \mathrm{PAW}_3$。

4. PRW 计算

部件 a_1 的 PRW 为

$$\mathrm{PRW}_1 = 1 + \frac{1}{M^{(a_1)}} \times \sum_{j=0}^{M^{(a_1)}} \max\left(0, \frac{\Pr(S=0)}{\Pr(S=0 \mid a_1=j)} - 1\right) =$$

$$1 + \frac{1}{2} \times \left(\max\left(0, \frac{0.3215}{0.2777} - 1\right) + \max\left(0, \frac{0.3215}{0.2777} - 1\right) + \max\left(0, \frac{0.3215}{1} - 1\right)\right) = 1.1578$$

部件 a_2 的 PRW 为

$$\mathrm{PRW}_2 = 1 + \frac{1}{M^{(a_2)}} \times \sum_{j=0}^{M^{(a_2)}} \max\left(0, \frac{\Pr(S=0)}{\Pr(S=0 \mid a_2=j)} - 1\right) =$$

$$1 + \frac{1}{2} \times \left(\max\left(0, \frac{0.3215}{0.2709} - 1\right) + \max\left(0, \frac{0.3215}{0.2709} - 1\right) + \max\left(0, \frac{0.3215}{1} - 1\right)\right) = 1.1867$$

部件 a_3 的 PRW 为

$$\mathrm{PRW}_3 = 1 + \frac{1}{M^{(a_3)}} \times \sum_{j=0}^{M^{(a_3)}} \max\left(0, \frac{\Pr(S=0)}{\Pr(S=0 \mid a_3=j)} - 1\right) =$$

$$1 + \frac{1}{2} \times \left(\max\left(0, \frac{0.3215}{0.1258} - 1\right) + \max\left(0, \frac{0.3215}{1} - 1\right) + \max\left(0, \frac{0.3215}{1} - 1\right)\right) = 1.7776$$

三个部件按照 PRW 值由小到大表示为 $PRW_1 < PRW_2 < PRW_3$。

因此，该多态串联可修系统三个部件任务成功重要度与 MBI 重要度、F－V 重要度和 PAW、PRW 值大小排序的对比见表 5.3。

表 5.3　多态串联可修系统任务成功重要度和传统重要度排序对比情况

重要度	排　序
任务成功重要度	$I_1 < I_2 < I_3$
MBI 重要度	$MBI_1 < MBI_2 < MBI_3$
F－V 重要度	$MFV_1 < MFV_2 < MFV_3$
PAW	$PAW_1 < PAW_2 < PAW_3$
PRW	$PRW_1 < PRW_2 < PRW_3$

由对比结果可知，此多态串联可修系统任务成功重要度排序结果与 MBI 重要度、F－V 重要度和 PAW、PRW 值的排序结果均相同，说明任务成功重要度能够有效地发现系统的薄弱环节。任务成功重要度同时考虑了可靠性参数和维修性参数对任务成功性的影响，计算结果相对于 MBI 重要度、F－V 重要度和 CIM 重要度更加合理。基于任务成功重要度，有目的地提高部件 a_3 可靠性或可维修性，进而提高整个可修系统的任务成功性。

5.2.5　任务成功重要度的变化规律

以 5.2 节所述的温度控制无线传感网络为研究对象，逐一分析单个部件可靠性、维修性参数变化条件下系统任务成功性及所有部件任务成功重要度的变化情况，建立系统内各部件任务成功重要度的变化规律。

如前所述，温度控制无线传感网络某子系统由 a_1、a_2 和 a_3 三个部件组成，其中部件 a_1、a_2 包含状态 0、1、2，部件 a_3 包含状态 0、1、2，状态 1、2 表示部件 a_1 和 a_2 正常，0 表示其故障，状态 2 表示部件 a_3 正常，0、1 表示其故障。

1. 当可靠性参数变化时，部件可靠性、系统任务成功性和各部件任务成功重要度的变化情况

参照 5.2.1 小节任务成功性评估，当可靠性参数 $\lambda_{20}^{(a_1)}$ 取不同值时，相应的部件 a_1 的可靠性和系统任务成功性见表 5.4。

表 5.4 部件 a_1 的可靠性和系统任务成功性变化情况

可靠性参数 $\lambda_{20}^{(a_1)}$	部件 a_1 的可靠性	系统任务成功性
0.01	0.939 3	0.678 5
0.02	0.930 6	0.672 2
0.03	0.921 9	0.665 9
0.04	0.913 3	0.659 7
0.05	0.904 8	0.653 6
0.06	0.896 4	0.647 5
0.07	0.888 1	0.641 5
0.08	0.879 9	0.635 6
0.09	0.871 7	0.629 7
0.10	0.863 6	0.623 8

由表 5.4 可知，当部件 a_1 的可靠性参数 $\lambda_{20}^{(a_1)}$（故障概率）呈递增趋势时，部件 a_1 的可靠性呈降低趋势，系统任务成功性也呈降低趋势；同样可知，因为三个部件相互之间没有干扰，当某个部件的可靠性参数呈递增趋势时，相应部件的可靠性就会呈降低趋势，系统任务成功性也会呈降低趋势。

参照 5.2.2 小节多态串联可修系统任务成功重要度计算方法，当部件 a_1 的可靠性参数 $\lambda_{20}^{(a_1)}$ 变化时，得到各部件任务成功重要度如下：

当 $\lambda_{20}^{(a_1)}=0.01$ 时，各部件任务成功重要度为

$$I_1(\lambda,\mu)=0.030\ 2,\quad I_2(\lambda,\mu)=0.035\ 5,\quad I_3(\lambda,\mu)=0.128\ 5$$

当 $\lambda_{20}^{(a_1)}=0.02$ 时，各部件任务成功重要度为

$$I_1(\lambda,\mu)=0.035\ 0,\quad I_2(\lambda,\mu)=0.035\ 2,\quad I_3(\lambda,\mu)=0.127\ 3$$

当 $\lambda_{20}^{(a_1)}=0.03$ 时，各部件任务成功重要度为

$$I_1(\lambda,\mu)=0.039\ 7,\quad I_2(\lambda,\mu)=0.034\ 8,\quad I_3(\lambda,\mu)=0.126\ 2$$

当 $\lambda_{20}^{(a_1)}=0.04$ 时，各部件任务成功重要度为

$$I_1(\lambda,\mu)=0.044\ 2,\quad I_2(\lambda,\mu)=0.034\ 5,\quad I_3(\lambda,\mu)=0.125\ 0$$

当 $\lambda_{20}^{(a_1)}=0.05$ 时，各部件任务成功重要度为

$$I_1(\lambda,\mu)=0.048\ 7,\quad I_2(\lambda,\mu)=0.034\ 2,\quad I_3(\lambda,\mu)=0.123\ 8$$

当 $\lambda_{20}^{(a_1)}=0.06$ 时，各部件任务成功重要度为

$$I_1(\lambda,\mu)=0.053\ 0,\quad I_2(\lambda,\mu)=0.033\ 9,\quad I_3(\lambda,\mu)=0.122\ 7$$

当 $\lambda_{20}^{(a_1)}=0.07$ 时，各部件任务成功重要度为

$$I_1(\lambda,\mu)=0.0572,\quad I_2(\lambda,\mu)=0.0336,\quad I_3(\lambda,\mu)=0.1215$$

当 $\lambda_{20}^{(a_1)}=0.08$ 时，各部件任务成功重要度为

$$I_1(\lambda,\mu)=0.0614,\quad I_2(\lambda,\mu)=0.0332,\quad I_3(\lambda,\mu)=0.1204$$

当 $\lambda_{20}^{(a_1)}=0.09$ 时，各部件任务成功重要度为

$$I_1(\lambda,\mu)=0.0654,\quad I_2(\lambda,\mu)=0.0329,\quad I_3(\lambda,\mu)=0.1193$$

当 $\lambda_{20}^{(a_1)}=0.10$ 时，各部件任务成功重要度为

$$I_1(\lambda,\mu)=0.0693,\quad I_2(\lambda,\mu)=0.0326,\quad I_3(\lambda,\mu)=0.1182$$

根据可靠性参数变化，各部件任务成功重要度变化情况见表5.5。

表5.5 各部件任务成功重要度变化情况

$\lambda_{20}^{(a_1)}$取值	a_1任务成功重要度	a_2任务成功重要度	a_3任务成功重要度
0.01	0.030 2	0.035 5	0.128 5
0.02	0.035 0	0.035 2	0.127 3
0.03	0.039 7	0.034 8	0.126 2
0.04	0.044 2	0.034 5	0.125 0
0.05	0.048 7	0.034 2	0.123 8
0.06	0.053 0	0.033 9	0.122 7
0.07	0.057 2	0.033 6	0.125 1
0.08	0.061 4	0.033 2	0.120 4
0.09	0.065 4	0.032 9	0.119 3
0.10	0.069 3	0.032 6	0.118 2

分析表5.5中各参数的取值分布趋势可知，当部件 a_1 的可靠性参数呈递增趋势时，部件 a_1 的任务成功重要度会呈递增趋势，部件 a_2 和 a_3 的任务成功重要度呈降低趋势；同样可知，因为各部件相互之间没有干扰，当某个部件的可靠性参数呈递增趋势时，相应部件的任务成功重要度呈递增趋势，其他部件的任务成功重要度都呈降低趋势。

2. 当维修性参数变化时，部件可靠性、系统任务成功性和各部件任务成功重要度的变化情况

参照5.2.1小节多态串联可修系统任务成功性评估方法，当维修性参数 $\mu_{02}^{(a_3)}$ 变化时，相应的部件 a_3 的可靠性和系统任务成功性见表5.6。

由表 5.6 可知，当部件 a_3 的维修性参数 $\mu_{02}^{(a_3)}$（维修概率）呈递增趋势时，部件 a_3 的可靠性呈递增趋势，系统任务成功性也呈提高趋势；同样可知，因为各部件相互之间没有干扰，当某个部件的维修性参数递增时，相应部件的可靠性就呈递增趋势，系统任务成功性也会提高，在进行任务成功性优化时可有针对性地改变某个部件的维修性参数，相应部件的可靠性和系统任务成功性就会提高。

表 5.6　部件 a_3 的可靠性和系统任务成功性变化情况

维修性参数 $\mu_{02}^{(a_3)}$	部件 a_3 的可靠性	系统任务成功性
0.863	0.872 8	0.770 1
0.873	0.873 2	0.770 4
0.885	0.873 7	0.770 9
0.897	0.874 1	0.771 2
0.906	0.874 5	0.771 6
0.915	0.874 8	0.771 8
0.924	0.875 2	0.772 2
0.937	0.875 7	0.772 6
0.946	0.876 0	0.772 9

参照 5.2.2 小节多态串联可修系统任务成功重要度计算方法，当维修性参数 $\mu_{02}^{(a_3)}$ 变化时，各部件任务成功重要度如下。

当 $\mu_{02}^{(a_3)}=0.863$ 时，各部件任务成功重要度为

$$I_1(\lambda,\mu)=0.030\,2,\quad I_2(\lambda,\mu)=0.035\,5,\quad I_3(\lambda,\mu)=0.128\,5$$

当 $\mu_{02}^{(a_3)}=0.873$ 时，各部件任务成功重要度为

$$I_1(\lambda,\mu)=0.030\,2,\quad I_2(\lambda,\mu)=0.035\,5,\quad I_3(\lambda,\mu)=0.128\,4$$

当 $\mu_{02}^{(a_3)}=0.883$ 时，各部件任务成功重要度为

$$I_1(\lambda,\mu)=0.030\,2,\quad I_2(\lambda,\mu)=0.035\,5,\quad I_3(\lambda,\mu)=0.128\,3$$

当 $\mu_{02}^{(a_3)}=0.893$ 时，各部件任务成功重要度为

$$I_1(\lambda,\mu)=0.030\,2,\quad I_2(\lambda,\mu)=0.035\,5,\quad I_3(\lambda,\mu)=0.128\,3$$

当 $\mu_{02}^{(a_3)}=0.903$ 时，各部件任务成功重要度为

$$I_1(\lambda,\mu)=0.030\,2,\quad I_2(\lambda,\mu)=0.035\,5,\quad I_3(\lambda,\mu)=0.128\,2$$

当 $\mu_{02}^{(a_3)}=0.913$ 时，各部件任务成功重要度为

$$I_1(\lambda,\mu)=0.030\,2,\quad I_2(\lambda,\mu)=0.035\,5,\quad I_3(\lambda,\mu)=0.128\,1$$

当 $\mu_{02}^{(a_3)}=0.923$ 时，各部件任务成功重要度为

$$I_1(\lambda,\mu)=0.030\ 2,\quad I_2(\lambda,\mu)=0.035\ 5,\quad I_3(\lambda,\mu)=0.128\ 0$$

当 $\mu_{02}^{(a_3)}=0.933$ 时，各部件任务成功重要度为

$$I_1(\lambda,\mu)=0.030\ 2,\quad I_2(\lambda,\mu)=0.035\ 5,\quad I_3(\lambda,\mu)=0.127\ 9$$

当 $\mu_{02}^{(a_3)}=0.943$ 时，各部件任务成功重要度为

$$I_1(\lambda,\mu)=0.030\ 2,\quad I_2(\lambda,\mu)=0.035\ 5,\quad I_3(\lambda,\mu)=0.127\ 8$$

当 $\mu_{02}^{(a_3)}=0.953$ 时，各部件任务成功重要度为

$$I_1(\lambda,\mu)=0.030\ 2,\quad I_2(\lambda,\mu)=0.035\ 5,\quad I_3(\lambda,\mu)=0.127\ 7$$

根据维修性参数变化，各部件任务成功重要度的变化情况表述见表 5.7。

表 5.7　各部件任务成功重要度变化情况

$\mu_{02}^{(a_3)}$ 取值	a_1 任务成功重要度	a_2 任务成功重要度	a_3 任务成功重要度
0.863 0	0.030 2	0.035 5	0.128 5
0.873 0	0.030 2	0.035 5	0.128 4
0.883 0	0.030 2	0.035 5	0.128 3
0.893 0	0.030 2	0.035 5	0.128 3
0.903 0	0.030 2	0.035 5	0.128 2
0.913 0	0.030 2	0.035 5	0.128 1
0.923 0	0.030 2	0.035 5	0.128 0
0.933 0	0.030 2	0.035 5	0.127 9
0.943 0	0.030 2	0.035 5	0.127 8
0.953 0	0.030 2	0.035 5	0.127 7

分析表 5.7 各参数的取值分布趋势可知，当部件 a_3 的维修性参数呈递增趋势时，部件 a_1 和 a_2 的任务成功重要度保持不变，部件 a_3 的任务成功重要度呈降低趋势；同样可知，因为各部件相互独立，当某个部件的维修性参数呈递增趋势时，相应部件的任务成功重要度会降低，其他部件的任务成功重要度不受影响。

5.3　多态并联可修系统

若系统包含 n 个组成部件，只要有一个部件正常，则系统正常，只有当所有部件同时发生故障时，系统才故障，这样的系统是由 n 个部件组成的并联系统。

n 个部件并联结构示意图如图 5.6 所示。

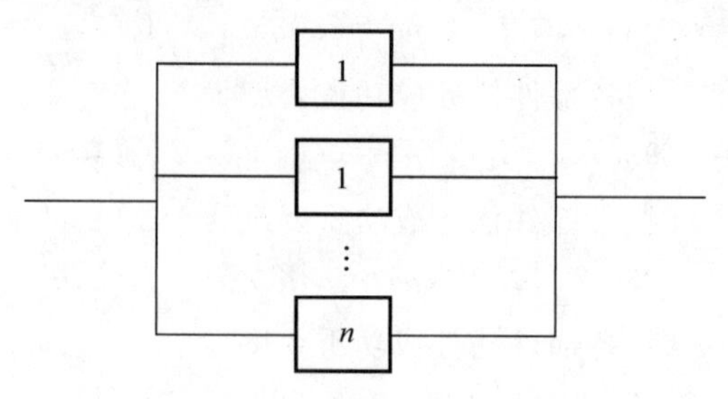

图 5.6　n 个部件并联系统结构

本节以电力传输系统为研究对象，假设该并联系统包含 n 个可维修部件和一套部件维修设备，该多态并联可修系统中每个可修部件相互之间没有干扰，每个部件有 $\{0,1,2,\cdots,n\}$ 个状态，当满足给定条件时，部件可以从一个状态转移到另一个状态。各部件故障时间的分布函数是指数分布，其参数为 λ（可靠性参数）；各部件维修时间的分布函数也是指数分布，其参数为 μ（维修性参数）。故障部件经过维修后认为同完好部件没有任何差别，部件各功能参数均为初始正常状态。

现在，将第 i 个部件的寿命表示为 X，将该并联可修系统寿命表示为 X_s，系统工作时间为 t，根据并联系统可靠性的定义得到

$$X_s = \max(X_1, X_2, \cdots, X_n) \tag{5.20}$$

$$R_s(t) = P(X_s > t) = P(\max(X_1, X_2, \cdots, X_n) > t) = \\ 1 - P((X_1, X_2, \cdots, X_n) \leqslant t) = 1 - \prod_{i=1}^{n} P(X_i \leqslant t) = 1 - \prod_{i=1}^{n} (1 - R_i(t)) \tag{5.21}$$

5.3.1　基于 MMDD 的系统任务成功性分析

基于 MMDD 进行多态并联可修系统任务成功性分析主要包括三个部分。首先针对多态并联可修系统建立 MMDD 模型，搜索任务成功路径，然后通过马尔可夫链建立各部件状态转移矩阵，最后计算系统任务成功性联合概率，完成任务成功性分析。

1. 多态并联可修系统 MMDD 模型建立

根据图 5.6 所示的 n 个部件并联可修系统结构，建立 MMDD 模型如下：

首先，分析该系统的 n 个组成部件的状态，确定 MMDD 的状态变量；

其次，按照系统的部件组成顺序确定 MMDD 的生成顺序；

再次，以状态变量为非终节点，以非终节点的所有状态取值为单向箭线，按照生成顺序指向下一个非终节点，直到终节点 0、1 结束，当 MMDD 结构图较为复杂时，可将 MMDD 结构图分解为对应各终结点的 MMDD 子图；

最后，建立多态并联可修系统 MMDD 模型。

2. 多态并联可修系统任务成功性分析

如图 5.7 所示，根据多态并联可修系统生成的 MMDD 模型，用若干布尔变量的乘积表示 MMDD 模型中每条任务成功的路径 Π(本书提到的布尔变量均是相互独立的)，这样的路径总共有 n_B 条，则该并联可修系统任务成功($\phi=1$)概率可由式(5.15)得到。

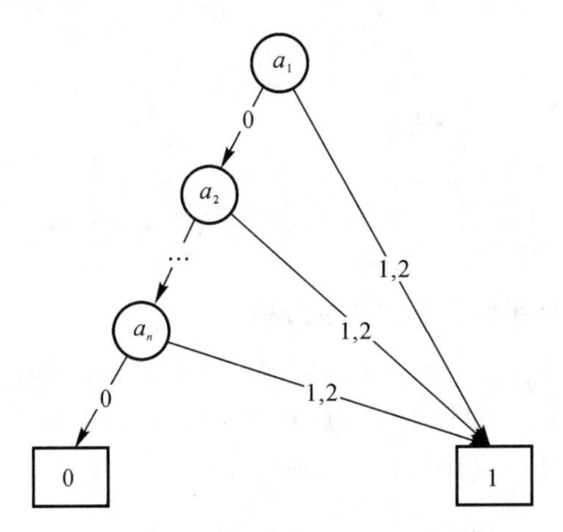

图 5.7　n 个部件并联系统 MMDD 模型

针对多态并联可修系统，模型中任务成功的路径有 n 条，因此路径 $\Pi=1$ 即可表示为 $\Pi=a_1+a_2\cdots+a_n$，根据马尔可夫转移过程计算出各部件不故障的概率即可得到该可修系统任务成功性联合概率。

本小节仍采用 5.2 节中的系统任务成功性方法和任务成功重要度计算方法。

5.3.2　算例研究

以电力传输系统某并联子系统为研究对象，该系统包括三个并联部件 a_1、a_2 和 a_3。其中部件 a_1、a_2 包含 0、1、2 三种不同状态，状态 1、2 表示部件 a_1 和 a_2 正常，状态 0 表示其故障；部件 a_3 包含 0、1、2 三种不同状态，状态 2 表示部件 a_3 正常，状态 0、1 表示其故障。此多态并联可修系统的结构函数为 $\phi=a_1+a_2+a_3$。

1. 多态并联可修系统 MMDD 模型建立

根据上述 MMDD 模型建立步骤，分析此多态并联可修系统组成，确定 MMDD 的状态变量，建立如图 5.8 所示的电力传输子系统的 MMDD 模型。

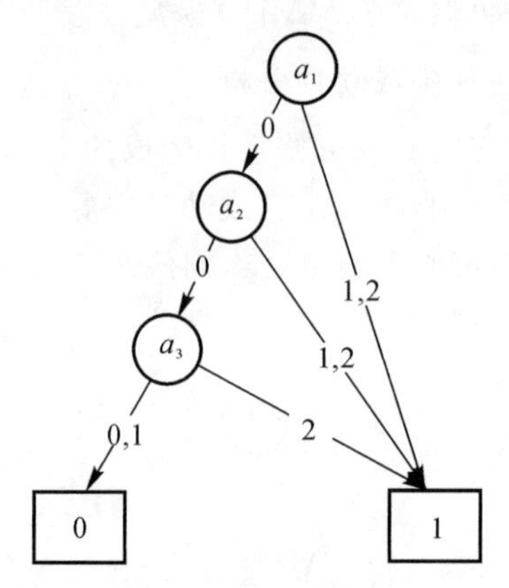

图 5.8　三部件并联系统生成的 MMDD 模型

2. 多态并联可修系统任务成功性分析

将结构函数为 $\phi=a_1+a_2+a_3$ 的并联系统生成的 MMDD 记为 B。用若干布尔变量的乘积表示 B 中每条任务成功的路径 Π（本书提到的布尔变量均是相互独立的），所有的任务成功路径总共有 3 条，则该可修系统任务成功概率即为

$$R_{(s)}=\Pr\{\phi=1\}=\prod_{j=1}^{3}\Pr(\Pi_j=1) \tag{5.22}$$

根据各部件可用度模型生成矩阵 $\boldsymbol{Q}^{(a)}$、可靠度模型生成矩阵 $\boldsymbol{P}^{(a)}$，以及转移概率矩阵 $\boldsymbol{E}^{(a)}$、$\boldsymbol{U}^{(a)}$、$\boldsymbol{D}^{(a)}$ 中都含有可靠性参数 λ 和维修性参数 μ，可计算出系统任务成功性的概率。

根据前文所述部件状态转移情况可知，并联系统中部件 a_1、a_2 和 a_3 的状态转移过程与图 5.5 相同。

根据部件状态转移过程，可以分别写出部件 a_1、a_2、a_3 的可用度模型生成矩阵 $\boldsymbol{Q}$ 和可靠度模型生成矩阵 $\boldsymbol{P}$：

$$\boldsymbol{Q}^{(a_1)}=\begin{matrix}2\\1\\0\end{matrix}\begin{bmatrix}-(\lambda_{21}^{(a_1)}+\lambda_{20}^{(a_1)}) & \lambda_{21}^{(a_1)} & \lambda_{20}^{(a_1)}\\ 0 & -\lambda_{10}^{(a_1)} & \lambda_{10}^{(a_1)}\\ \mu_{02}^{(a_1)} & 0 & -\mu_{02}^{(a_1)}\end{bmatrix}$$

$$P^{(a_1)} = \begin{matrix} 2 \\ 1 \\ 0 \end{matrix} \begin{bmatrix} -(\lambda_{21}^{(a_1)} + \lambda_{20}^{(a_1)}) & \lambda_{21}^{(a_1)} & \lambda_{20}^{(a_1)} \\ 0 & -\lambda_{10}^{(a_1)} & \lambda_{10}^{(a_1)} \\ 0 & 0 & 0 \end{bmatrix}$$

$$Q^{(a_2)} = \begin{matrix} 2 \\ 1 \\ 0 \end{matrix} \begin{bmatrix} -(\lambda_{21}^{(a_2)} + \lambda_{20}^{(a_2)}) & \lambda_{21}^{(a_2)} & \lambda_{20}^{(a_2)} \\ 0 & -\lambda_{10}^{(a_2)} & \lambda_{10}^{(a_2)} \\ \mu_{02}^{(a_2)} & 0 & -\mu_{02}^{(a_2)} \end{bmatrix}$$

$$P^{(a_2)} = \begin{matrix} 2 \\ 1 \\ 0 \end{matrix} \begin{bmatrix} -(\lambda_{21}^{(a_2)} + \lambda_{20}^{(a_2)}) & \lambda_{21}^{(a_2)} & \lambda_{20}^{(a_2)} \\ 0 & -\lambda_{10}^{(a_2)} & \lambda_{10}^{(a_2)} \\ 0 & 0 & 0 \end{bmatrix}$$

$$Q^{(a_3)} = \begin{matrix} 2 \\ 1 \\ 0 \end{matrix} \begin{bmatrix} -(\lambda_{21}^{(a_3)} + \lambda_{20}^{(a_3)}) & \lambda_{21}^{(a_3)} & \lambda_{20}^{(a_3)} \\ \mu_{12}^{(a_3)} & -\mu_{12}^{(a_3)} & 0 \\ \mu_{02}^{(a_3)} & 0 & -\mu_{02}^{(a_3)} \end{bmatrix}$$

$$P^{(a_3)} = \begin{matrix} 2 \\ 1 \\ 0 \end{matrix} \begin{bmatrix} -(\lambda_{21}^{(a_3)} + \lambda_{20}^{(a_3)}) & \lambda_{21}^{(a_3)} & \lambda_{20}^{(a_3)} \\ 0 & 0 & 0 \\ 0 & 0 & 0 \end{bmatrix}$$

本书研究的是系统内各部件可靠性参数 λ 与维修性参数 μ 对系统任务成功重要度的影响，由于多态并联可修系统，其中各部件的类型、参数等都是给定的，且相互处于独立的关系，所以给定各部件的可靠性参数 λ 与维修性参数 μ 由表 5.3 给出，见表 5.8。

表 5.8　各部件的可靠性参数 λ 与维修性参数 μ

参　数	取　值	参　数	取　值
$\lambda_{20}^{(a_1)}$	0.030	$\lambda_{10}^{(a_2)}$	0.030
$\lambda_{21}^{(a_1)}$	0.015	$\mu_{02}^{(a_2)}$	0.956
$\lambda_{10}^{(a_1)}$	0.028	$\lambda_{20}^{(a_3)}$	0.083
$\mu_{02}^{(a_1)}$	0.937	$\lambda_{21}^{(a_3)}$	0.065
$\lambda_{20}^{(a_2)}$	0.035	$\mu_{12}^{(a_3)}$	0.930
$\lambda_{21}^{(a_2)}$	0.020	$\mu_{02}^{(a_3)}$	0.863

根据表 5.8 所列参数计算各部件在任务周期内的转移率矩阵 $\boldsymbol{E}^{(a_1)}$、保持正常

运行状态的转移率矩阵 $\boldsymbol{U}^{(a)}$ 和处于故障状态的转移率矩阵 $\boldsymbol{D}^{(a)}$，系统周期 $T=1$。

部件 a_1 在任务周期内的转移率矩阵 $\boldsymbol{E}^{(a_1)}$ 为

$$\boldsymbol{E}^{(a_1)}=\begin{bmatrix}0.966\,3 & 0.014\,5 & 0.019\,2\\0.009\,6 & 0.972\,4 & 0.018\,0\\0.595\,4 & 0.005\,1 & 0.399\,4\end{bmatrix}$$

部件 a_1 保持正常运行状态和处于失效状态的转移率矩阵分别为

$$\boldsymbol{U}^{(a_1)}=\begin{bmatrix}0.956\,0 & 0.014\,5 & 0\\0 & 0.972\,4 & 0\\0 & 0 & 0\end{bmatrix}$$

$$\boldsymbol{D}^{(a_1)}=\begin{bmatrix}0.010\,3 & 0.000\,1 & 0.019\,2\\0.009\,6 & 0.000\,1 & 0.018\,0\\0.595\,4 & 0.005\,1 & 0.399\,4\end{bmatrix}$$

部件 a_2 在任务周期内的转移率矩阵 $\boldsymbol{E}^{(a_2)}$ 为

$$\boldsymbol{E}^{(a_2)}=\begin{bmatrix}0.958\,6 & 0.019\,3 & 0.022\,2\\0.010\,4 & 0.970\,5 & 0.019\,1\\0.599\,7 & 0.006\,9 & 0.393\,4\end{bmatrix}$$

部件 a_2 在任务周期内保持正常运行状态和处于失效状态的转移率矩阵分别为

$$\boldsymbol{U}^{(a_2)}=\begin{bmatrix}0.946\,5 & 0.019\,2 & 0\\0 & 0.970\,4 & 0\\0 & 0 & 0\end{bmatrix}$$

$$\boldsymbol{D}^{(a_2)}=\begin{bmatrix}0.012\,1 & 0.000\,1 & 0.022\,2\\0.010\,4 & 0.000\,1 & 0.019\,1\\0.599\,7 & 0.006\,9 & 0.393\,4\end{bmatrix}$$

部件 a_3 在任务周期内的转移率矩阵 $\boldsymbol{E}^{(a_3)}$ 为

$$\boldsymbol{E}^{(a_3)}=\begin{bmatrix}0.908\,0 & 0.039\,8 & 0.052\,3\\0.568\,7 & 0.410\,5 & 0.020\,8\\0.543\,3 & 0.015\,1 & 0.441\,6\end{bmatrix}$$

部件 a_3 在任务周期内保持正常运行状态和处于失效状态的转移率矩阵分别为

$$\boldsymbol{U}^{(a_3)}=\begin{bmatrix}0.862\,4 & 0 & 0\\0 & 0 & 0\\0 & 0 & 0\end{bmatrix}$$

$$\boldsymbol{D}^{(a_3)}=\begin{bmatrix}0.0456 & 0.0398 & 0.0523\\ 0.5687 & 0.4105 & 0.0208\\ 0.5433 & 0.0151 & 0.4416\end{bmatrix}$$

本书MMDD中所有任务成功路径通过DFS枚举出。利用式(4.13)计算每个部件的可靠性，利用式(5.22)计算每条任务成功路径的概率，然后将不同部件的概率相乘以得到路径$\Pi=1$的概率。计算出MMDD的所有任务成功路径概率后，求和得到系统任务成功性概率。

针对图5.6中由结构函数$\phi=a_1+a_2+a_3$生成的MMDD模型，由于该系统为多态并联可修系统，所以任务成功的路径有3条：

$$\Pi=a_{1(1,2)}+a_{2(1,2)}+a_{3(2)}$$

式中：$a_{1(1,2)}$表示部件a_1处于1、2状态；$a_{2(1,2)}$表示部件a_2处于1、2状态；$a_{3(2)}$表示部件a_3处于2状态。得到任务成功性联合概率为

$$\Pr(\Pi=1)=\Pr(a_{1(1,2)})+\Pr(a_{2(1,2)})+\Pr(a_{3(2)})$$

在得出MMDD中任务成功路径的概率后，此电力传输子系统的任务成功性便可由上式计算得出。

多态并联可修系统三个部件的初始概率矩阵为$\boldsymbol{v}_B=[0.90\quad 0.05\quad 0.05]$。

该传感器子系统三个部件a_1、a_2、a_3的失效时间分布函数为指数分布，因此可知部件$a_i(i=1,2,3)$的失效概率可由式(5.16)和式(5.17)计算得出。

因此，该多态并联可修系统任务成功性联合概率为

$$\begin{aligned}\Pr(\Pi=1)&=\Pr(a_{1(1,2)})+\Pr(a_{2(1,2)})+\Pr(a_{3(2)})=\\&1-(1-0.9220)\times(1-0.9176)\times(1-0.7762)=0.9986\end{aligned}$$

3. 多态并联可修系统任务成功重要度计算

本小节利用多态并联系统任务成功重要度计算方法进行算例研究，并验证该任务成功重要度计算方法的有效性。根据式(5.18)，计算得出最终部件a_i的任务成功重要度。

部件a_1的任务成功重要度为

$$\begin{aligned}I_1(\lambda,\mu)&=\frac{1}{M_1}\sum_{j=0}^{M_1}\Pr(a_1=j)\times\left|\frac{\Pr(S\geqslant 1,a_1=j)}{\Pr(a_1=j)}-\Pr(S\geqslant 1)\right|=\\&\frac{1}{2}\times(0.8999\times 0.0014+0.0619\times 0.0014+\\&0.0382\times 0.0170)=1.0159\times 10^{-3}\end{aligned}$$

部件a_2的任务成功重要度为

$$I_2(\lambda,\mu)=\frac{1}{M_2}\sum_{j=0}^{M_2}\Pr(a_1=j)\times\left|\frac{\Pr(S\geqslant 1,a_2=j)}{\Pr(a_2=j)}-\Pr(S\geqslant 1)\right|=$$

$$\frac{1}{2}\times(0.893\ 2\times0.001\ 4+0.066\ 2\times0.001\ 4+$$

$$0.040\ 6\times0.016\ 0)=1.014\ 6\times10^{-3}$$

部件 a_3 的任务成功重要度为

$$I_3(\lambda,\mu)=\frac{1}{M_3}\sum_{j=0}^{M_3}\Pr(a_1=j)\times\left|\frac{\Pr(S\geqslant1,a_3=j)}{\Pr(a_3=j)}-\Pr(S\geqslant1)\right|=$$

$$\frac{1}{2}\times(0.872\ 8\times0.001\ 4+0.057\ 1\times0.005\ 0+$$

$$0.070\ 1\times0.005\ 0)=9.445\ 2\times10^{-4}$$

由于系统内各个部件的可靠性参数 λ 和可维修性参数 μ 均为相互独立，所以系统内各部件的重要度也是相互独立的，即系统内各部件可靠性变化对系统任务成功性的影响程度是相互独立的。

因此，各部件任务成功重要度 $I_3<I_2<I_1$，部件 a_1 在此三部件并联系统中相对处于比较薄弱的环节，可以有针对性地提高部件 a_1 的可靠性参数和可维修性参数，以提高部件 a_1 的可靠性，进而提高系统的任务成功性。

5.3.3 任务成功重要度的工程意义

以 5.3 节所述电力传输系统为研究对象，针对此多态并联可修系统，根据 5.3.2 小节任务成功重要度计算方法，按照重要度由小到大，三个部件的任务成功重要度计算值由小到大表示为 $I_3<I_2<I_1$。参照 4.1.1 小节传统重要度计算，下面计算该多态并联可修系统的 MBI 重要度、F－V 重要度和 CIM 重要度。

1. MBI 重要度

部件 a_1 的 MBI 重要度为

$$\mathrm{MBI}_1=\frac{\partial R(S)}{\partial R(a_1)}=\frac{\Pr(S=1,a_1=1)}{\Pr(a_1=1)}-\frac{\Pr(S=1,a_1=0)}{\Pr(a_1=0)}=0.009\ 9$$

部件 a_2 的 MBI 重要度为

$$\mathrm{MBI}_2=\frac{\partial R(S)}{\partial R(a_2)}=\frac{\Pr(S=1,a_2=1)}{\Pr(a_2=1)}-\frac{\Pr(S=1,a_2=0)}{\Pr(a_2=0)}=0.009\ 4$$

部件 a_3 的 MBI 重要度为

$$\mathrm{MBI}_3=\frac{\partial R(S)}{\partial R(a_3)}=\frac{\Pr(S=1,a_3=1)}{\Pr(a_3=1)}-\frac{\Pr(S=1,a_3=0)}{\Pr(a_3=0)}=0.005\ 7$$

多态并联可修系统三个部件按照 MBI 重要度计算值由小到大表示为 $\mathrm{MBI}_3<\mathrm{MBI}_2<\mathrm{MBI}_1$。

2. F－V 重要度

因此部件 a_1 的 F－V 重要度为

$$\mathrm{MFV}_1=\frac{1}{2}\times\left(\max\left(0,1-\frac{\Pr(S=0\mid a_1=2)}{\Pr(S=0)}\right)+\max\left(0,1-\frac{\Pr(S=0\mid a_1=1)}{\Pr(S=0)}\right)+\max\left(0,1-\frac{\Pr(S=0\mid a_1=0)}{\Pr(S=0)}\right)\right)=$$

$$\frac{1}{2}\times\left(\max\left(0,1-\frac{\Pr(S=0,a_1=2)}{\Pr(a_1=2)\times\Pr(S=0)}\right)+\max\left(0,1-\frac{\Pr(S=0,a_1=1)}{\Pr(a_1=1)\times\Pr(S=0)}\right)+\max\left(0,1-\frac{\Pr(S=0,a_1=0)}{\Pr(a_1=0)\times\Pr(S=0)}\right)\right)=1$$

部件 a_2 的 F－V 重要度为

$$\mathrm{MFV}_2=\frac{1}{2}\times\left(\max\left(0,1-\frac{\Pr(S=0\mid a_2=2)}{\Pr(S=0)}\right)+\max\left(0,1-\frac{\Pr(S=0\mid a_2=1)}{\Pr(S=0)}\right)+\max\left(0,1-\frac{\Pr(S=0\mid a_2=0)}{\Pr(S=0)}\right)\right)=$$

$$\frac{1}{2}\times(1+1+0)=1$$

部件 a_3 的 F－V 重要度为

$$\mathrm{MFV}_3=\frac{1}{2}\times\left(\max\left(0,1-\frac{\Pr(S=0\mid a_3=2)}{\Pr(S=0)}\right)+\max\left(0,1-\frac{\Pr(S=0\mid a_3=1)}{\Pr(S=0)}\right)+\max\left(0,1-\frac{\Pr(S=0\mid a_3=0)}{\Pr(S=0)}\right)\right)=$$

$$\frac{1}{2}\times\left(\max\left(0,1-\frac{\Pr(S=0,a_3=2)}{\Pr(a_3=2)\times\Pr(S=0)}\right)+\max\left(0,1-\frac{\Pr(S=0,a_3=1)}{\Pr(a_3=1)\times\Pr(S=0)}\right)+\max\left(0,1-\frac{\Pr(S=0,a_3=0)}{\Pr(a_3=0)\times\Pr(S=0)}\right)\right)=0.5$$

三个部件按照 F－V 重要度计算值由小到大表示为 $\mathrm{MFV}_3<\mathrm{MFV}_2=\mathrm{MFV}_1$。

3. PAW 计算

部件 a_1 的 PAW 为

$$\mathrm{PAW}_1=1+\frac{1}{M^{(a_1)}}\times\sum_{j=0}^{M^{(a_1)}}\max\left(0,\frac{\Pr(S=W\mid a_1=j)}{\Pr(S=W)}-1\right)=$$

$$1+\frac{1}{2}\times\left(\max\left(0,\frac{1}{0.998\ 6}-1\right)+\max\left(0,\frac{1}{0.998\ 6}-1\right)+\right.$$

$$\left.\max\left(0,\frac{0.981\ 6}{0.998\ 6}-1\right)\right)=1.001\ 4$$

部件 a_2 的 PAW 为

$$\mathrm{PAW}_2=1+\frac{1}{M^{(a_2)}}\times\sum_{j=0}^{M^{(a_2)}}\max\left(0,\frac{\Pr(S=W\mid a_2=j)}{\Pr(S=W)}-1\right)=$$

$$1+\frac{1}{2}\times\left(\max\left(0,\frac{1}{0.998\ 6}-1\right)+\max\left(0,\frac{1}{0.998\ 6}-1\right)+\right.$$

$$\left.\max\left(0,\frac{0.982\ 6}{0.998\ 6}-1\right)\right)=1.001\ 4$$

部件 a_3 的 PAW 为

$$\mathrm{PAW}_3=1+\frac{1}{M^{(a_3)}}\times\sum_{j=0}^{M^{(a_3)}}\max\left(0,\frac{\Pr(S=W\mid a_3=j)}{\Pr(S=W)}-1\right)=$$

$$1+\frac{1}{2}\times\left(\max\left(0,\frac{1}{0.998\ 6}-1\right)+\max\left(0,\frac{0.993\ 6}{0.998\ 6}-1\right)+\right.$$

$$\left.\max\left(0,\frac{0.993\ 6}{0.998\ 6}-1\right)\right)=1.000\ 7$$

三个部件按照 PAW 值由小到大表示为 $\mathrm{PAW}_3<\mathrm{PAW}_2=\mathrm{PAW}_1$。

4. PRW 计算

部件 a_1 的 PRW 为

$$\mathrm{PRW}_1=1+\frac{1}{M^{(a_1)}}\times\sum_{j=0}^{M^{(a_1)}}\max\left(0,\frac{\Pr(S=W)}{\Pr(S=W\mid a_1=j)}-1\right)=$$

$$1+\frac{1}{2}\times\left(\max\left(0,\frac{0.998\ 6}{1}-1\right)+\max\left(0,\frac{0.998\ 6}{1}-1\right)+\right.$$

$$\left.\max\left(0,\frac{0.998\ 6}{0.981\ 6}-1\right)\right)=1.008\ 7$$

部件 a_2 的 PRW 为

$$\mathrm{PRW}_2=1+\frac{1}{M^{(a_2)}}\times\sum_{j=0}^{M^{(a_2)}}\max\left(0,\frac{\Pr(S=W)}{\Pr(S=W\mid a_2=j)}-1\right)=$$

$$1+\frac{1}{2}\times\left(\max\left(0,\frac{0.998\ 6}{1}-1\right)+\max\left(0,\frac{0.998\ 6}{1}-1\right)+\right.$$

$$\left.\max\left(0,\frac{0.998\ 6}{0.982\ 6}-1\right)\right)=1.008\ 1$$

部件 a_3 的 PRW 为

$$\text{PRW}_3 = 1 + \frac{1}{M^{(a_3)}} \times \sum_{j=0}^{M^{(a_3)}} \max\left(0, \frac{\Pr(S=W)}{\Pr(S=W \mid a_3=j)} - 1\right) =$$

$$1 + \frac{1}{2} \times \left(\max\left(0, \frac{0.998\ 6}{1} - 1\right) + \max\left(0, \frac{0.998\ 6}{0.993\ 6} - 1\right) + \right.$$

$$\left.\max\left(0, \frac{0.998\ 6}{0.993\ 6} - 1\right)\right) = 1.005\ 0$$

三个部件按照 PRW 值由小到大表示为 $\text{PRW}_3 < \text{PRW}_2 < \text{PRW}_1$。

因此，该多态并联可修系统三个部件任务成功重要度与 MBI 重要度、F－V 重要度和 PAW、PRW 值排序的对比见表 5.9。

表 5.9　多态并联可修系统任务成功重要度和传统重要度排序对比情况

重要度	排　序
任务成功重要度	$I_3 < I_2 < I_1$
MBI 重要度	$\text{MBI}_3 < \text{MBI}_2 < \text{MBI}_1$
F－V 重要度	$\text{MFV}_3 < \text{MFV}_2 = \text{MFV}_1$
PAW	$\text{PAW}_3 < \text{PAW}_2 = \text{PAW}_1$
PRW	$\text{PRW}_3 < \text{PRW}_2 < \text{PRW}_1$

由对比结果可知，此多态并联可修系统任务成功重要度排序结果与 F－V 重要度和 PAW 的排序结果不同，但与 MBI 重要度、PRW 值排序顺序相同。同样地，任务成功重要度同时考虑了可靠性参数和维修性参数对任务成功性的影响，计算结果相对于 F－V 重要度和 PAW 更加合理，有利于更好地发现系统的薄弱环节，针对薄弱环节，有目的地提高部件 a_1 的可靠性或可维修性，进而提高整个可修系统的任务成功性。

5.3.4　任务成功重要度的变化规律

以本节所述电力传输系统为研究对象，该系统由三个并联部件组成。任务成功性评估和任务成功重要度计算见 5.3.2 小节，此处不再赘述。逐一分析单个部件可靠性、维修性参数变化条件下系统任务成功性及所有部件任务成功重要度的变化情况，建立系统内各部件任务成功重要度的变化规律。多态并联可修系统组成部件可靠性参数和维修性参数的初始值见表 5.8。

1. 当可靠性参数变化时，部件可靠性、系统任务成功性和各部件任务成功重要度的变化情况

参照5.3.1小节多态并联系统任务成功性评估方法，当可靠性参数$\lambda_{20}^{(a_1)}$取不同值时，相应的部件a_1的可靠性和系统任务成功性变化情况见表5.10。

表5.10　部件a_1的可靠性和系统任务成功性变化情况

可靠性参数$\lambda_{20}^{(a_1)}$	部件a_1的可靠性	系统任务成功性
0.01	0.939 5	0.998 9
0.02	0.930 7	0.998 7
0.03	0.922 0	0.998 6
0.04	0.913 4	0.998 4
0.05	0.904 9	0.998 2
0.06	0.896 4	0.998 1
0.07	0.888 0	0.997 9
0.08	0.879 8	0.997 8
0.09	0.871 5	0.997 6
0.10	0.863 4	0.997 5

由表5.10可知，当部件a_1的可靠性参数$\lambda_{20}^{(a_1)}$（故障概率）呈递增趋势时，部件a_1的可靠性呈降低趋势，系统任务成功性也呈降低趋势；同样可知，因为各部件相互之间没有干扰，所以当某个部件的可靠性参数呈递增趋势时，相应部件的可靠性就会呈降低趋势，系统任务成功性也会降低。

根据可修系统任务成功重要度计算方法，当部件a_1的可靠性参数$\lambda_{20}^{(a_1)}$变化时，各部件任务成功重要度如下：

当$\lambda_{20}^{(a_1)}=0.01$时，各部件任务成功重要度为

$$I_1(\lambda,\mu)=0.000\,8,\quad I_2(\lambda,\mu)=0.000\,8,\quad I_3(\lambda,\mu)=0.000\,7$$

当$\lambda_{20}^{(a_1)}=0.02$时，各部件任务成功重要度为

$$I_1(\lambda,\mu)=0.000\,9,\quad I_2(\lambda,\mu)=0.000\,9,\quad I_3(\lambda,\mu)=0.000\,8$$

当$\lambda_{20}^{(a_1)}=0.03$时，各部件任务成功重要度为

$$I_1(\lambda,\mu)=0.001\,0,\quad I_2(\lambda,\mu)=0.001\,0,\quad I_3(\lambda,\mu)=0.000\,9$$

当$\lambda_{20}^{(a_1)}=0.04$时，各部件任务成功重要度为

$$I_1(\lambda,\mu)=0.001\,1,\quad I_2(\lambda,\mu)=0.001\,1,\quad I_3(\lambda,\mu)=0.001\,0$$

当$\lambda_{20}^{(a_1)}=0.05$时，各部件任务成功重要度为

$$I_1(\lambda,\mu)=0.001\,2,\quad I_2(\lambda,\mu)=0.001\,2,\quad I_3(\lambda,\mu)=0.001\,2$$

当 $\lambda_{20}^{(a_1)}=0.06$ 时，各部件任务成功重要度为

$$I_1(\lambda,\mu)=0.001\,4,\quad I_2(\lambda,\mu)=0.001\,3,\quad I_3(\lambda,\mu)=0.001\,3$$

当 $\lambda_{20}^{(a_1)}=0.07$ 时，各部件任务成功重要度为

$$I_1(\lambda,\mu)=0.001\,5,\quad I_2(\lambda,\mu)=0.001\,5,\quad I_3(\lambda,\mu)=0.001\,4$$

当 $\lambda_{20}^{(a_1)}=0.08$ 时，各部件任务成功重要度为

$$I_1(\lambda,\mu)=0.001\,6,\quad I_2(\lambda,\mu)=0.001\,6,\quad I_3(\lambda,\mu)=0.001\,5$$

当 $\lambda_{20}^{(a_1)}=0.09$ 时，各部件任务成功重要度为

$$I_1(\lambda,\mu)=0.001\,7,\quad I_2(\lambda,\mu)=0.001\,7,\quad I_3(\lambda,\mu)=0.001\,6$$

当 $\lambda_{20}^{(a_1)}=0.10$ 时，各部件任务成功重要度为

$$I_1(\lambda,\mu)=0.001\,8,\quad I_2(\lambda,\mu)=0.001\,8,\quad I_3(\lambda,\mu)=0.001\,7$$

根据可靠性参数变化，各部件任务成功重要度的变化情况见表 5.11。

分析表 5.11 中各参数的取值分布趋势可知，对于多态并联可修系统，当部件 a_1 的可靠性参数呈递增趋势时，三个部件的任务成功重要度均会提高。这说明在串联系统中，任一部件的可靠性参数变化，对系统中所有部件的重要度均有影响。

表 5.11　各部件任务成功重要度变化情况

$\lambda_{20}^{(a_1)}$ 取值	a_1 任务成功重要度	a_2 任务成功重要度	a_3 任务成功重要度
0.01	0.000 8	0.000 8	0.000 7
0.02	0.000 9	0.000 9	0.000 8
0.03	0.001 0	0.001 0	0.000 9
0.04	0.001 1	0.001 1	0.001 0
0.05	0.001 2	0.001 2	0.001 2
0.06	0.001 4	0.001 3	0.001 3
0.07	0.001 5	0.001 5	0.001 4
0.08	0.001 6	0.001 6	0.001 5
0.09	0.001 7	0.001 7	0.001 6
0.10	0.001 8	0.001 8	0.001 7

2. 当维修性参数变化时，部件可靠性、系统任务成功性和各部件任务成功重要度的变化情况

参照 5.3.1 小节多态并联可修系统任务成功性评估方法，当维修性参数

$\mu_{02}^{(a_3)}$变化时，部件 a_3 的可靠性和系统任务成功性见表5.12。

表5.12　部件 a_3 的可靠性和系统任务成功性变化情况

维修性参数 $\mu_{02}^{(a_3)}$	部件 a_3 的可靠性	系统任务成功性
0.863	0.872 8	0.999 2
0.873	0.873 3	0.999 1
0.883	0.874 0	0.999 1
0.893	0.874 4	0.999 1
0.903	0.874 9	0.999 1
0.913	0.875 1	0.999 1
0.923	0.875 7	0.999 1
0.933	0.876 1	0.999 1
0.943	0.876 4	0.999 2
0.953	0.876 7	0.999 2

由表5.12可知，当部件 a_3 的维修性参数 $\mu_{02}^{(a_3)}$（维修概率）呈递增趋势时，部件 a_3 的可靠性呈递增趋势，系统任务成功性也呈递增趋势；同样可知，因为各部件相互之间没有干扰，当某个部件的维修性参数递增时，相应部件的可靠性就会提高，系统任务成功性也会提高，在进行任务成功性优化时可有针对性地改变某个部件的维修性参数，相应部件的可靠性和系统任务成功性就会提高。

参照5.2.2小节多态串联可修系统任务成功重要度计算方法，当维修性参数 $\mu_{02}^{(a_3)}$ 变化时，各部件任务成功重要度如下。

当 $\mu_{02}^{(a_3)}=0.863$ 时，各部件任务成功重要度为

$I_1(\lambda,\mu)=0.001\,0$，　$I_2(\lambda,\mu)=0.001\,0$，　$I_3(\lambda,\mu)=9.445\,2\times10^{-4}$

当 $\mu_{02}^{(a_3)}=0.873$ 时，各部件任务成功重要度为

$I_1(\lambda,\mu)=0.001\,0$，　$I_2(\lambda,\mu)=0.001\,0$，　$I_3(\lambda,\mu)=9.438\,1\times10^{-4}$

当 $\mu_{02}^{(a_3)}=0.883$ 时，各部件任务成功重要度为

$I_1(\lambda,\mu)=0.001\,0$，　$I_2(\lambda,\mu)=0.001\,0$，　$I_3(\lambda,\mu)=9.431\,1\times10^{-4}$

当 $\mu_{02}^{(a_3)}=0.893$ 时，各部件任务成功重要度为

$I_1(\lambda,\mu)=0.001\,0$，　$I_2(\lambda,\mu)=0.001\,0$，　$I_3(\lambda,\mu)=9.424\,2\times10^{-4}$

当 $\mu_{02}^{(a_3)}=0.903$ 时，各部件任务成功重要度为

$I_1(\lambda,\mu)=0.001\,0$，　$I_2(\lambda,\mu)=0.001\,0$，　$I_3(\lambda,\mu)=9.417\,3\times10^{-4}$

当 $\mu_{02}^{(a_3)}=0.913$ 时，各部件任务成功重要度为

$I_1(\lambda,\mu)=0.001\,0,\quad I_2(\lambda,\mu)=0.001\,0,\quad I_3(\lambda,\mu)=9.410\,5\times10^{-4}$

当 $\mu_{02}^{(a_3)}=0.923$ 时，各部件任务成功重要度为

$I_1(\lambda,\mu)=0.001\,0,\quad I_2(\lambda,\mu)=0.001\,0,\quad I_3(\lambda,\mu)=9.403\,7\times10^{-4}$

当 $\mu_{02}^{(a_3)}=0.933$ 时，各部件任务成功重要度为

$I_1(\lambda,\mu)=0.001\,0,\quad I_2(\lambda,\mu)=0.001\,0,\quad I_3(\lambda,\mu)=9.397\,0\times10^{-4}$

当 $\mu_{02}^{(a_3)}=0.943$ 时，各部件任务成功重要度为

$I_1(\lambda,\mu)=0.001\,0,\quad I_2(\lambda,\mu)=0.001\,0,\quad I_3(\lambda,\mu)=9.390\,4\times10^{-4}$

当 $\mu_{02}^{(a_3)}=0.953$ 时，各部件任务成功重要度为

$I_1(\lambda,\mu)=0.001\,0,\quad I_2(\lambda,\mu)=0.001\,0,\quad I_3(\lambda,\mu)=9.383\,8\times10^{-4}$

根据维修性参数变化，各部件任务成功重要度的变化情况见表 5.13。

表 5.13　各部件任务成功重要度变化情况

$\mu_{02}^{(a_3)}$ 取值	a_1 任务成功重要度	a_2 任务成功重要度	a_3 任务成功重要度
0.863	0.001 0	0.001 0	$9.445\,2\times10^{-4}$
0.873	0.001 0	0.001 0	$9.438\,1\times10^{-4}$
0.883	0.001 0	0.001 0	$9.431\,1\times10^{-4}$
0.893	0.001 0	0.001 0	$9.424\,2\times10^{-4}$
0.903	0.001 0	0.001 0	$9.417\,3\times10^{-4}$
0.913	0.001 0	0.001 0	$9.410\,5\times10^{-4}$
0.923	0.001 0	0.001 0	$9.403\,7\times10^{-4}$
0.933	0.001 0	0.001 0	$9.397\,0\times10^{-4}$
0.943	0.001 0	0.001 0	$9.390\,4\times10^{-4}$
0.953	0.001 0	0.001 0	$9.383\,8\times10^{-4}$

分析表 5.13 中各参数的取值分布趋势可知，当部件 a_3 的维修性参数呈递增趋势时，部件 a_1、a_2 任务成功重要度保持不变，a_3 的任务成功重要度会降低；同样地，因为各部件相互独立，当某个部件的维修性参数呈递增趋势时，对其他部件的任务成功重要度不会产生影响，该部件自身的任务成功重要度会降低。

5.4 可修的多态 n 中取 k 系统

n 中取 k 系统也称为表决系统，n 中取 k 系统的特点是，系统中所包含的 n 个部件中只要有 k 个部件正常，则系统正常。其结构如图 5.9 所示。

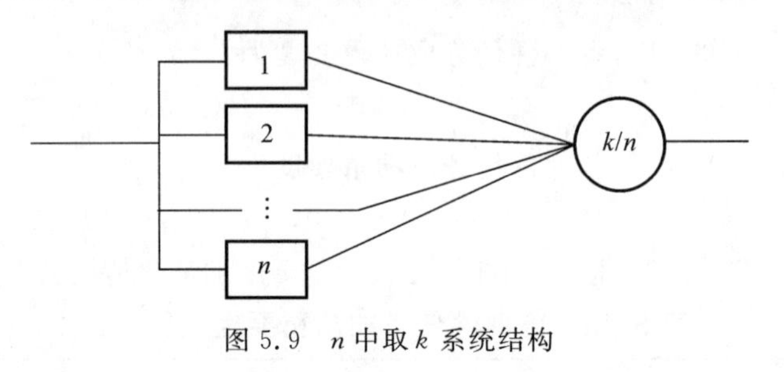

图 5.9　n 中取 k 系统结构

5.4.1 基于 MMDD 的任务成功性分析

以 3 中取 2 系统为例，假设系统包含三个部件 a_1、a_2、a_3，每个部件有 0、1、2 三种状态。对于部件 a_1 和 a_2 来说，状态 1、2 表示其正常工作，状态 0 表示部件失效。对于部件 a_3 来说，状态 2 表示部件工作，状态 0 和 1 都表示部件失效。当且仅当至少 2 个部件工作时，系统正常工作。因此，系统的结构函数为 $\phi=a_1a_2+a_1a_3+a_2a_3$。基于 MMDD，多态 3 中取 2 系统的任务成功性的计算如下。

1. 多态 n 中取 k 可修系统 MMDD 模型建立

根据多态 3 中取 2 系统的相关假设，分析此表决系统的结构组成，确定 MMDD 的状态变量，建立对应的系统 MMDD 模型，如图 5.10 所示。

2. 多态 n 中取 k 可修系统任务成功性分析

将结构函数为 $\phi=a_1a_2+a_1a_3+a_2a_3$ 的表决系统生成的 MMDD 记为 B。用若干布尔变量的乘积表示 B 中每条任务成功的路径 Π（本书提到的布尔变量均是相互独立的），则本例中的 3 条任务成功路径可表示为

$$\Pi=a_{1(1,2)}a_{2(1,2)}a_{3(x)}+a_{1(1,2)}a_{2(0)}a_{3(2)}+a_{1(0)}a_{2(1,2)}a_{3(2)} \tag{5.23}$$

式中：$a_{1(1,2)}$ 表示部件 a_1 处于状态 1 和状态 2；$a_{2(1,2)}$ 表示部件 a_2 处于状态 1 和状态 2；$a_{3(2)}$ 表示部件 a_3 处于状态 2；$a_{3(x)}$ 表示部件 a_3 的状态不确定。因此，系统的任务成功性为

$$\begin{aligned}\Pr(\Pi=1)=&\Pr(\Pi_1=1)+\Pr(\Pi_2=1)+\Pr(\Pi_3=1)=\\&\Pr(a_{1(1,2)}a_{2(1,2)}a_{3(x)})+\Pr(a_{1(1,2)}a_{2(0)}a_{3(2)})+\Pr(a_{1(0)}a_{2(1,2)}a_{3(2)})=\\&(v_B^{a_1}\cdot U_{1,2}^{a_1}\cdot\mathbf{1}^{\mathrm{T}})\times(v_B^{a_2}\cdot U_{1,2}^{a_2}\cdot\mathbf{1}^{\mathrm{T}})\times(v_B^{a_3}\cdot E^{(a_3)}\cdot\mathbf{1}^{\mathrm{T}})+\\&(v_B^{a_1}\cdot U_{1,2}^{a_1}\cdot\mathbf{1}^{\mathrm{T}})\times(v_B^{a_2}\cdot D^{(a_2)}\cdot\mathbf{1}^{\mathrm{T}})\times(v_B^{a_3}\cdot U^{(a_3)}\cdot\mathbf{1}^{\mathrm{T}})+\\&(v_B^{a_1}\cdot D^{(a_1)}\cdot\mathbf{1}^{\mathrm{T}})\times(v_B^{a_2}\cdot U_{1,2}^{a_2}\cdot\mathbf{1}^{\mathrm{T}})\times(v_B^{a_3}\cdot U^{(a_3)}\cdot\mathbf{1}^{\mathrm{T}})\end{aligned}\tag{5.24}$$

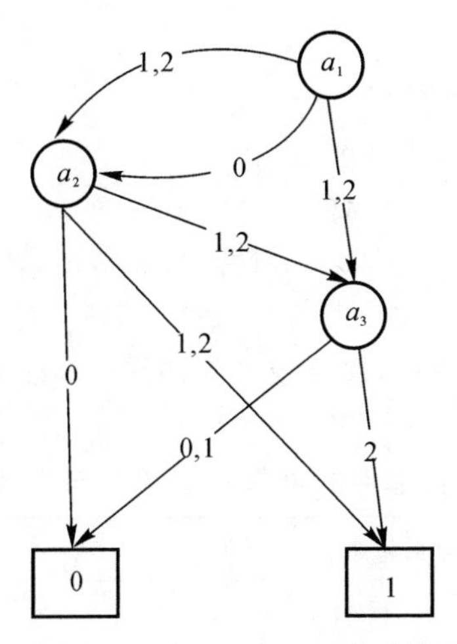

图 5.10　$\phi=a_1a_2+a_1a_3+a_2a_3$ 生成的 MMDD

根据状态转移的马尔可夫性,可以得到各部件的可用度模型生成矩阵和可靠度模型生成矩阵为

$$\boldsymbol{Q}^{(a_1)}=\begin{matrix}2\\1\\0\end{matrix}\begin{bmatrix}-(\lambda_{21}^{(a_1)}+\lambda_{20}^{(a_1)}) & \lambda_{21}^{(a_1)} & \lambda_{20}^{(a_1)}\\0 & -\lambda_{10}^{(a_1)} & \lambda_{10}^{(a_1)}\\\mu_{02}^{(a_1)} & 0 & -\mu_{02}^{(a_1)}\end{bmatrix}$$

$$\boldsymbol{P}^{(a_1)}=\begin{matrix}2\\1\\0\end{matrix}\begin{bmatrix}-(\lambda_{21}^{(a_1)}+\lambda_{20}^{(a_1)}) & \lambda_{21}^{(a_1)} & \lambda_{20}^{(a_1)}\\0 & -\lambda_{10}^{(a_1)} & \lambda_{10}^{(a_1)}\\0 & 0 & 0\end{bmatrix}$$

$$\boldsymbol{Q}^{(a_2)}=\begin{matrix}2\\1\\0\end{matrix}\begin{bmatrix}-(\lambda_{21}^{(a_2)}+\lambda_{20}^{(a_2)}) & \lambda_{21}^{(a_2)} & \lambda_{20}^{(a_2)}\\0 & -\lambda_{10}^{(a_2)} & \lambda_{10}^{(a_2)}\\\mu_{02}^{(a_2)} & 0 & -\mu_{02}^{(a_2)}\end{bmatrix}$$

$$\boldsymbol{P}^{(a_2)}=\begin{matrix}2\\1\\0\end{matrix}\begin{bmatrix}-(\lambda_{21}^{(a_2)}+\lambda_{20}^{(a_2)}) & \lambda_{21}^{(a_2)} & \lambda_{20}^{(a_2)}\\0 & -\lambda_{10}^{(a_2)} & \lambda_{10}^{(a_2)}\\0 & 0 & 0\end{bmatrix}$$

$$\boldsymbol{Q}^{(a_3)}=\begin{matrix}2\\1\\0\end{matrix}\begin{bmatrix}-(\lambda_{21}^{(a_3)}+\lambda_{20}^{(a_3)}) & \lambda_{21}^{(a_3)} & \lambda_{20}^{(a_3)}\\\mu_{12}^{(a_3)} & -\mu_{12}^{(a_3)} & 0\\\mu_{02}^{(a_3)} & 0 & -\mu_{02}^{(a_3)}\end{bmatrix}$$

$$\boldsymbol{P}^{(a_3)}=\begin{matrix}2\\1\\0\end{matrix}\begin{bmatrix}-(\lambda_{21}^{(a_3)}+\lambda_{20}^{(a_3)}) & \lambda_{21}^{(a_3)} & \lambda_{20}^{(a_3)}\\0 & 0 & 0\\0 & 0 & 0\end{bmatrix}$$

本书研究的是系统内各部件可靠性参数 λ 与维修性参数 μ 对系统任务成功重要度的影响，对于多态 n 中取 k 可修系统，其中各部件的类型、参数等都是给定的，且相互处于独立的关系，故给定各部件的可靠性参数 λ 与维修性参数 μ 见表 5.14。

表 5.14　各部件的可靠性参数 λ 与维修性参数 μ

参　数	取　值	参　数	取　值
$\lambda_{20}^{(a_1)}$	0.010	$\lambda_{10}^{(a_2)}$	0.030
$\lambda_{21}^{(a_1)}$	0.015	$\mu_{02}^{(a_2)}$	0.956
$\lambda_{10}^{(a_1)}$	0.020	$\lambda_{20}^{(a_3)}$	0.035
$\mu_{02}^{(a_1)}$	0.965	$\lambda_{21}^{(a_3)}$	0.025
$\lambda_{20}^{(a_2)}$	0.035	$\mu_{12}^{(a_3)}$	0.960
$\lambda_{21}^{(a_2)}$	0.012	$\mu_{02}^{(a_3)}$	0.853

假设任务周期为 $T=1$，根据表 5.14 中的参数分别得出各部件在任务周期内的转移率矩阵 $\boldsymbol{E}^{(a)}$、保持正常运行状态的转移率矩阵 $\boldsymbol{U}^{(a)}$ 和处于故障状态的转移率矩阵 $\boldsymbol{D}^{(a)}$，如下所示：

假设各部件初始概率矩阵为 $\boldsymbol{v}_B=[0.90\quad 0.05\quad 0.05]$，则部件 a_1、a_2 和 a_3 在任务周期内的转移率矩阵 $\boldsymbol{E}^{(a_i)}$ 为

$$\boldsymbol{E}^{(a_1)}=\begin{bmatrix}0.978\,9 & 0.014\,7 & 0.006\,4\\0.007\,1 & 0.980 & 0.012\,7\\0.611\,1 & 0.005\,3 & 0.383\,6\end{bmatrix}$$

$$\boldsymbol{E}^{(a_2)}=\begin{bmatrix}0.9662 & 0.0116 & 0.0222\\ 0.0104 & 0.9705 & 0.0191\\ 0.6024 & 0.0042 & 0.3934\end{bmatrix}$$

$$\boldsymbol{E}^{(a_3)}=\begin{bmatrix}0.9614 & 0.0157 & 0.0230\\ 0.6015 & 0.3893 & 0.0092\\ 0.5595 & 0.0059 & 0.4346\end{bmatrix}$$

部件 a_1、a_2 和 a_3 在任务周期内保持正常运行状态的转移率矩阵 $\boldsymbol{U}^{(a_i)}$ 为

$$\boldsymbol{U}^{(a_1)}=\begin{bmatrix}0.9753 & 0.0147 & 0\\ 0 & 0.9802 & 0\\ 0 & 0 & 0\end{bmatrix}$$

$$\boldsymbol{U}^{(a_2)}=\begin{bmatrix}0.9541 & 0.0115 & 0\\ 0 & 0.9704 & 0\\ 0 & 0 & 0\end{bmatrix}$$

$$\boldsymbol{U}^{(a_3)}=\begin{bmatrix}0.9418 & 0 & 0\\ 0 & 0 & 0\\ 0 & 0 & 0\end{bmatrix}$$

部件 a_1、a_2 和 a_3 在任务周期内保持正常运行状态的转移率矩阵 $\boldsymbol{D}^{(a_i)}$ 为

$$\boldsymbol{D}^{(a_1)}=\begin{bmatrix}0.0036 & 0 & 0.0064\\ 0.0071 & 0 & 0.0127\\ 0.6111 & 0.0053 & 0.3836\end{bmatrix}$$

$$\boldsymbol{D}^{(a_2)}=\begin{bmatrix}0.0121 & 0.0001 & 0.0222\\ 0.0104 & 0 & 0.0191\\ 0.6024 & 0.0042 & 0.3934\end{bmatrix}$$

$$\boldsymbol{D}^{(a_3)}=\begin{bmatrix}0.0196 & 0.0157 & 0.0230\\ 0.6015 & 0.3893 & 0.0092\\ 0.5995 & 0.0059 & 0.4346\end{bmatrix}$$

根据各个部件的状态转移矩阵，结合式(4.25)，计算得到系统的任务成功性联合概率：

$$\begin{aligned}\Pr(\Pi=1)=&\Pr(a_{1(1,2)}a_{2(1,2)}a_{3(x)})+\Pr(a_{1(1,2)}a_{2(0)}a_{3(2)})+\Pr(a_{1(0)}a_{2(1,2)}a_{3(2)})=\\&0.9400\times0.9176\times1+0.94\times0.0824\times0.8476+\\&0.06\times0.9176\times0.8476=0.9749\end{aligned}$$

5.4.2　基于 MMDD 的任务成功重要度计算

在已知每个部件的状态概率和系统的任务成功概率后，可根据式(5.12)计

算多态 n 中取 k 可修系统中各个部件的任务成功重要度。因为多态 n 中取 k 可修系统所有部件故障时间服从指数分布，可知部件 a_i 的故障率可由如下公式计算得出：

部件 a_1 任务成功重要度为

$$I_1(\lambda,\mu)=\frac{1}{M^{(a_1)}}\sum_{j=0}^{M^{(a_1)}}\Pr(a_1=j)\times|\Pr(S=W|a_1=j)-\Pr(S=W)|=$$
$$\frac{1}{2}\times(0.025\,6\times|0.777\,7-0.974\,9|+$$
$$0.062\,5\times|0.987\,4-0.974\,9|+$$
$$0.911\,9\times|0.987\,4-0.974\,9|)=$$
$$\frac{1}{2}\times(0.005\,0+0.000\,8+0.011\,4)=0.008\,6$$

部件 a_2 任务成功重要度为

$$I_2(\lambda,\mu)=\frac{1}{M^{(a_2)}}\sum_{j=0}^{M^{(a_2)}}\Pr(a_2=j)\times|\Pr(S=W|a_2=j)-\Pr(S=W)|=$$
$$\frac{1}{2}\times(0.040\,6\times|0.796\,7-0.974\,9|+$$
$$0.059\,2\times|0.990\,9-0.974\,9|+$$
$$0.900\,2\times|0.990\,9-0.974\,9|)=$$
$$\frac{1}{2}\times(0.007\,2+0.000\,9+0.014\,4)=0.011\,3$$

部件 a_3 任务成功重要度为

$$I_3(\lambda,\mu)=\frac{1}{M^{(a_3)}}\sum_{j=0}^{M^{(a_3)}}\Pr(a_3=j)\times|\Pr(S=W|a_3=j)-\Pr(S=W)|=$$
$$\frac{1}{2}\times(0.042\,9\times|0.862\,5-0.974\,9|+$$
$$0.039\,9\times|0.862\,5-0.974\,9|+$$
$$0.923\,3\times|0.995\,1-0.974\,9|)=$$
$$\frac{1}{2}\times(0.004\,8+0.004\,5+0.018\,7)=0.014\,0$$

由于系统内各个部件的可靠性参数 λ 和可维修性参数 μ 均为相互独立，所以系统内各部件的任务成功重要度也是相互独立的，即系统内各部件可靠性变化对系统任务成功性的影响程度是相互独立的。

因此，各部件任务成功重要度排序为 $I_1<I_2<I_3$，不难发现，部件 a_3 的重要度最大，表明该部件是 3 中取 2 系统中的关键部件，可以有针对性地提高部件 a_3

的可靠性参数和可维修性参数，以提高部件 a_3 的可靠性，进而提高系统的任务成功性。

5.4.3　任务成功重要度的工程意义

对于上述多状态3中取2系统，系统中部件的任务成功重要度计算值由小到大表示为 $I_1 < I_2 < I_3$。参照5.1.1小节传统重要度计算，下面计算该多态3中取2可修系统中部件的MBI重要度、F-V重要度、PAW重要度和PRW重要度。

1. MBI重要度计算

部件 a_1 的MBI重要度为

$$\mathrm{MBI}_1 = \frac{\sum_{j=0}^{M^{(a_1)}} \left|\Pr(S=W \mid a_1=j) - \Pr(S=W)\right|}{M^{(a_1)}} =$$

$$\frac{1}{2} \times (0.012\,6 + 0.012\,6 + 0.197\,1) = 0.111\,2$$

部件 a_2 的MBI重要度为

$$\mathrm{MBI}_2 = \frac{\sum_{j=0}^{M^{(a_2)}} \left|\Pr(S=W \mid a_2=j) - \Pr(S=W)\right|}{M^{(a_2)}} =$$

$$\frac{1}{2} \times (0.178\,1 + 0.016\,0 + 0.016\,0) = 0.105\,1$$

部件 a_3 的MBI重要度为

$$\mathrm{MBI}_3 = \frac{\sum_{j=0}^{M^{(a_3)}} \left|\Pr(S=W \mid a_3=j) - \Pr(S=W)\right|}{M^{(a_3)}} =$$

$$\frac{1}{2} \times (0.112\,3 + 0.112\,3 + 0.020\,1) = 0.122\,4$$

该多态 n 中取 k 可修系统三个部件按照 MBI 重要度计算值由小到大表示为 $\mathrm{MBI}_2 < \mathrm{MBI}_1 < \mathrm{MBI}_3$。

2. F-V重要度计算

部件 a_1 的F-V重要度为

$$\mathrm{MFV}_1 = \frac{1}{M^{(a_1)}} \times \sum_{j=0}^{M^{(a_1)}} \max\left(0, 1 - \frac{\Pr(S=0 \mid a_1=j}{\Pr(S=0)}\right) = 0.500\,5$$

部件 a_2 的 F－V 重要度为

$$\mathrm{MFV}_2=\frac{1}{M^{(a_2)}}\times\sum_{j=0}^{M^{(a_2)}}\max\left(0,1-\frac{\Pr(S=W\mid a_2=j)}{\Pr(S=W)}\right)=0.6362$$

部件 a_3 的 F－V 重要度为

$$\mathrm{MFV}_3=\frac{1}{M^{(a_3)}}\times\sum_{j=0}^{M^{(a_3)}}\max\left(0,1-\frac{\Pr(S=W\mid a_3=j)}{\Pr(S=W)}\right)=0.4017$$

三个部件按照 F－V 重要度计算值由小到大表示为 $\mathrm{MFV}_3<\mathrm{MFV}_1<\mathrm{MFV}_2$。

3. PAW 计算

部件 a_1 的 PAW 为

$$\begin{aligned}\mathrm{PAW}_1&=1+\frac{1}{M^{(a_1)}}\times\sum_{j=0}^{M^{(a_1)}}\max\left(0,\frac{\Pr(S=W\mid a_1=j)}{\Pr(S=W)}-1\right)=\\&1+\frac{1}{2}\times\left(\max\left(0,\frac{0.9874}{0.9749}-1\right)+\max\left(0,\frac{0.9874}{0.9749}-1\right)+\right.\\&\left.\max\left(0,\frac{0.7777}{0.9749}-1\right)\right)=1.0129\end{aligned}$$

部件 a_2 的 PAW 为

$$\begin{aligned}\mathrm{PAW}_2&=1+\frac{1}{M^{(a_2)}}\times\sum_{j=0}^{M^{(a_2)}}\max\left(0,\frac{\Pr(S=W\mid a_2=j)}{\Pr(S=W)}-1\right)=\\&1+\frac{1}{2}\times\left(\max\left(0,\frac{0.9909}{0.9749}-1\right)+\max\left(0,\frac{0.9909}{0.9749}-1\right)+\right.\\&\left.\max\left(0,\frac{0.7967}{0.9749}-1\right)\right)=1.0164\end{aligned}$$

部件 a_3 的 PAW 为

$$\begin{aligned}\mathrm{PAW}_3&=1+\frac{1}{M^{(a_3)}}\times\sum_{j=0}^{M^{(a_3)}}\max\left(0,\frac{\Pr(S=W\mid a_3=j)}{\Pr(S=W)}-1\right)=\\&1+\frac{1}{2}\times\left(\max\left(0,\frac{0.9951}{0.9749}-1\right)+\max\left(0,\frac{0.8625}{0.9749}-1\right)+\right.\\&\left.\max\left(0,\frac{0.8625}{0.9749}-1\right)\right)=1.0104\end{aligned}$$

三个部件按照 PAW 值由小到大表示为 $\mathrm{PAW}_3<\mathrm{PAW}_1<\mathrm{PAW}_2$。

4. PRW 计算

部件 a_1 的 PRW 为

$$\mathrm{PRW}_1=1+\frac{1}{M^{(a_1)}}\times\sum_{j=0}^{M^{(a_1)}}\max\left(0,\frac{\Pr(S=W)}{\Pr(S=W\mid a_1=j)}-1\right)=$$

$$1+\frac{1}{2}\times\left(\max\left(0,\frac{0.9749}{0.9874}-1\right)+\max\left(0,\frac{0.9749}{0.9874}-1\right)+\right.$$

$$\left.\max\left(0,\frac{0.9749}{0.7778}-1\right)\right)=1.1267$$

部件 a_2 的 PRW 为

$$\mathrm{PRW}_2=1+\frac{1}{M^{(a_2)}}\times\sum_{j=0}^{M^{(a_2)}}\max\left(0,\frac{\Pr(S=W)}{\Pr(S=W\mid a_2=j)}-1\right)=$$

$$1+\frac{1}{2}\times\left(\max\left(0,\frac{0.9749}{0.9909}-1\right)+\max\left(0,\frac{0.9749}{0.9909}-1\right)+\right.$$

$$\left.\max\left(0,\frac{0.9749}{0.7967}-1\right)\right)=1.1118$$

部件 a_3 的 PRW 为

$$\mathrm{PRW}_3=1+\frac{1}{M^{(a_3)}}\times\sum_{j=0}^{M^{(a_3)}}\max\left(0,\frac{\Pr(S=W)}{\Pr(S=W\mid a_3=j)}-1\right)=$$

$$1+\frac{1}{2}\times\left(\max\left(0,\frac{0.9749}{0.9951}-1\right)+\max\left(0,\frac{0.9749}{0.8625}-1\right)+\right.$$

$$\left.\max\left(0,\frac{0.9749}{0.8625}-1\right)\right)=1.1303$$

三个部件按照 PRW 值由小到大表示为 $\mathrm{PRW}_2<\mathrm{PRW}_1<\mathrm{PRW}_3$。

因此,该多态 n 中取 k 可修系统三个部件任务成功重要度与 MBI 重要度、F-V 重要度、PAW 值、PRW 值排序的对比见表 5.15。

表 5.15　多态 n 中取 k 可修系统任务成功重要度和传统重要度排序对比情况

重要度	排　序
任务成功重要度	$I_1<I_2<I_3$
MBI 重要度	$\mathrm{MBI}_2<\mathrm{MBI}_1<\mathrm{MBI}_3$
F-V 重要度	$\mathrm{MFV}_3<\mathrm{MFV}_1<\mathrm{MFV}_2$
PAW 值	$\mathrm{PAW}_3<\mathrm{PAW}_1<\mathrm{PAW}_2$
PRW 值	$\mathrm{PRW}_2<\mathrm{PRW}_1<\mathrm{PRW}_3$

由表 5.15 可得,此多态并联可修系统任务成功重要度排序结果与 MBI 重要度、F-V 重要度、PAW 值、PRW 值的排序结果均不同,其中任务成功重要度同时考虑了可靠性参数和维修性参数对任务成功性的影响,计算结果相对于传统多态重要性测度更加合理,有利于更好地发现系统的薄弱环节,针对薄弱环节,有目的地提高部件的可靠性或可维修性,进而有效提高整个可修系统的任务成

功性。

5.4.4 n 中取 k 可修系统中任务成功重要度的变化规律

对于上述 3 中取 2 系统，为了得到任务成功重要度的变化规律，分别分析当部件的可靠性参数和维修性参数依次变化时，系统任务成功概率和部件任务成功重要度的变化规律。

1. 当可靠性参数变化时，各部件任务成功重要度的变化规律

通过计算系统任务成功概率，当可靠性参数 $\lambda_{20}^{(a_1)}$ 变化时，相应的部件 a_1 的状态概率和系统任务成功性见表 5.16。

表 5.16　部件 a_1 的状态概率和系统任务成功性变化情况

可靠性参数 $\lambda_{20}^{(a_1)}$	部件 a_1 的状态概率	系统任务成功性
0.010	(0.911 9，0.062 5，0.025 6)	0.974 9
0.020	(0.906 2，0.062 4，0.031 4)	0.973 0
0.035	(0.900 5 ,0.062 4 ,0.037 1)	0.971 2
0.050	(0.894 8 ,0.062 3 ,0.042 8)	0.969 4
0.070	(0.889 3 ,0.062 3 ,0.048 5)	0.967 6
0.090	(0.883 7 ,0.062 2 ,0.054 0)	0.965 8
0.110	(0.878 2 ,0.062 2 ,0.059 6)	0.964 1
0.130	(0.874 5 ,0.062 2 ,0.063 3)	0.963 3
0.150	(0.872 8 ,0.062 2 ,0.065 1)	0.962 3
0.180	(0.867 4 ,0.062 1 ,0.070 5)	0.960 6

由表 5.16 可得，当部件 a_1 的可靠性参数 $\lambda_{20}^{(a_1)}$ 呈递增趋势时，部件 a_1 处于状态 1 和 2 的概率降低，而处于状态 0 的概率增大，系统任务成功性随着 $\lambda_{20}^{(a_1)}$ 的增加呈降低趋势；同样地，因为各部件相互独立，当某个部件的可靠性参数增大时，该部件的工作状态概率和系统任务成功概率减小。

参照 5.4.2 小节任务成功重要度计算方法，当可靠性参数发生变化时，各部件任务成功重要度如下：

当 $\lambda_{20}^{(a_1)}=0.010$ 时，各部件的任务成功重要度为

$$I_1(\lambda,\mu)=0.008\,6,\quad I_2(\lambda,\mu)=0.011\,3,\quad I_3(\lambda,\mu)=0.013\,7$$

当 $\lambda_{20}^{(a_1)}=0.020$ 时，各部件的任务成功重要度为

$$I_1(\lambda,\mu)=0.010\ 1,\quad I_2(\lambda,\mu)=0.011\ 6,\quad I_3(\lambda,\mu)=0.014\ 4$$

当 $\lambda_{20}^{(a_1)}=0.035$ 时，各部件的任务成功重要度为

$$I_1(\lambda,\mu)=0.012\ 1,\quad I_2(\lambda,\mu)=0.012\ 2,\quad I_3(\lambda,\mu)=0.015\ 5$$

当 $\lambda_{20}^{(a_1)}=0.050$ 时，各部件的任务成功重要度为

$$I_1(\lambda,\mu)=0.014\ 0,\quad I_2(\lambda,\mu)=0.012\ 7,\quad I_3(\lambda,\mu)=0.016\ 6$$

当 $\lambda_{20}^{(a_1)}=0.070$ 时，各部件的任务成功重要度为

$$I_1(\lambda,\mu)=0.016\ 5,\quad I_2(\lambda,\mu)=0.013\ 4,\quad I_3(\lambda,\mu)=0.018\ 1$$

当 $\lambda_{20}^{(a_1)}=0.090$ 时，各部件的任务成功重要度为

$$I_1(\lambda,\mu)=0.018\ 9,\quad I_2(\lambda,\mu)=0.014\ 0,\quad I_3(\lambda,\mu)=0.019\ 5$$

当 $\lambda_{20}^{(a_1)}=0.110$ 时，各部件的任务成功重要度为

$$I_1(\lambda,\mu)=0.021\ 2,\quad I_2(\lambda,\mu)=0.014\ 7,\quad I_3(\lambda,\mu)=0.020\ 9$$

当 $\lambda_{20}^{(a_1)}=0.130$ 时，各部件的任务成功重要度为

$$I_1(\lambda,\mu)=0.023\ 3,\quad I_2(\lambda,\mu)=0.015\ 3,\quad I_3(\lambda,\mu)=0.022\ 2$$

当 $\lambda_{20}^{(a_1)}=0.150$ 时，各部件的任务成功重要度为

$$I_1(\lambda,\mu)=0.025\ 4,\quad I_2(\lambda,\mu)=0.016\ 0,\quad I_3(\lambda,\mu)=0.023\ 6$$

当 $\lambda_{20}^{(a_1)}=0.180$ 时，各部件的任务成功重要度为

$$I_1(\lambda,\mu)=0.028\ 2,\quad I_2(\lambda,\mu)=0.016\ 9,\quad I_3(\lambda,\mu)=0.025\ 5$$

当部件 a_1 的可靠性参数发生变化时，各部件的任务成功重要度见表 5.17。

表 5.17　各部件任务成功重要度变化情况

$\lambda_{20}^{(a_1)}$	$I_1(\lambda,\mu)$	$I_2(\lambda,\mu)$	$I_3(\lambda,\mu)$	重要度排序
0.010	0.008 6	0.011 3	0.013 7	$I_1<I_2<I_3$
0.020	0.010 1	0.011 6	0.014 4	$I_1<I_2<I_3$
0.035	0.012 1	0.012 2	0.015 5	$I_1<I_2<I_3$
0.050	0.014 0	0.012 7	0.016 6	$I_2<I_1<I_3$
0.070	0.016 5	0.013 4	0.018 1	$I_2<I_1<I_3$
0.090	0.018 9	0.014 0	0.019 5	$I_2<I_1<I_3$
0.110	0.021 2	0.014 7	0.020 9	$I_2<I_3<I_1$
0.130	0.023 3	0.015 3	0.022 2	$I_2<I_3<I_1$
0.150	0.025 4	0.016 0	0.023 6	$I_2<I_3<I_1$
0.180	0.028 2	0.016 9	0.025 5	$I_2<I_3<I_1$

由表5.17可得，部件a_1的任务成功重要度会随着其可靠性参数的增大而增大。针对三个部件的重要度排序发现，a_2的任务成功重要度始终小于a_3，但部件a_1的重要度排序会随着其可靠性参数的增大而提升。

2. 当维修性参数变化时，各部件任务成功重要度的变化规律

通过计算系统任务成功概率，当可靠性参数$\mu_{02}^{(a_3)}$变化时，相应的部件a_3的状态概率和系统任务成功性变化情况见表5.18。

表5.18　部件a_3的状态概率和系统任务成功性变化情况

维修性参数$\mu_{02}^{(a_3)}$	部件a_3的状态概率	系统任务成功性
0.853	(0.923 0，0.033 9，0.043 2)	0.974 9
0.863	(0.923 3，0.033 9，0.042 9)	0.974 9
0.873	(0.923 7，0.033 9，0.042 4)	0.974 9
0.883	(0.923 9，0.033 9，0.042 2)	0.974 9
0.893	(0.924 3，0.033 9，0.041 9)	0.974 9
0.903	(0.924 4，0.033 9，0.041 7)	0.974 9
0.913	(0.925，0.033 9，0.041 2)	0.974 9
0.923	(0.925 4，0.033 9，0.040 8)	0.974 9
0.933	(0.925 7，0.033 9，0.040 4)	0.974 9
0.943	(0.926 1，0.033 9，0.040)	0.974 9

由表5.18可得，当部件a_3的维修性参数$\mu_{02}^{(a_3)}$增加时，部件a_3处于状态2的概率保持不变，处于状态1的概率呈递增趋势，而处于状态0的概率呈递减趋势。在此种特定情况下，系统任务成功性随着$\mu_{02}^{(a_3)}$的增大而保持不变。同样地，由于各部件相互独立，当某个部件的维修性参数增大时，部件的工作状态概率增大，系统任务成功概率保持不变，这是由于可靠度模型生成矩阵与维修性参数不相关。在未来的研究中，将考虑备件的可靠性，则任务成功概率会随着维修性参数的增加而改变。

参照5.4.2小节中任务成功重要度计算方法，当维修性参数发生变化时，各部件任务成功重要度如下：

当$\mu_{02}^{(a_3)}=0.853\ 0$时，各部件的任务成功重要度为

$$I_1(\lambda,\mu)=0.008\ 7,\quad I_2(\lambda,\mu)=0.011\ 3,\quad I_3(\lambda,\mu)=0.013\ 6$$

当$\mu_{02}^{(a_3)}=0.863\ 0$时，各部件的任务成功重要度为

$$I_1(\lambda,\mu)=0.008\,7,\quad I_2(\lambda,\mu)=0.011\,3,\quad I_3(\lambda,\mu)=0.013\,6$$

当 $\mu_{02}^{(a_3)}=0.873\,0$ 时，各部件的任务成功重要度为

$$I_1(\lambda,\mu)=0.008\,7,\quad I_2(\lambda,\mu)=0.011\,3,\quad I_3(\lambda,\mu)=0.013\,6$$

当 $\mu_{02}^{(a_3)}=0.883\,0$ 时，各部件的任务成功重要度为

$$I_1(\lambda,\mu)=0.008\,7,\quad I_2(\lambda,\mu)=0.011\,3,\quad I_3(\lambda,\mu)=0.013\,6$$

当 $\mu_{02}^{(a_3)}=0.893\,0$ 时，各部件的任务成功重要度为

$$I_1(\lambda,\mu)=0.008\,7,\quad I_2(\lambda,\mu)=0.011\,3,\quad I_3(\lambda,\mu)=0.013\,6$$

当 $\mu_{02}^{(a_3)}=0.903\,0$ 时，各部件的任务成功重要度为

$$I_1(\lambda,\mu)=0.008\,7,\quad I_2(\lambda,\mu)=0.011\,3,\quad I_3(\lambda,\mu)=0.013\,6$$

当 $\mu_{02}^{(a_3)}=0.913\,0$ 时，各部件的任务成功重要度为

$$I_1(\lambda,\mu)=0.008\,7,\quad I_2(\lambda,\mu)=0.011\,3, I_3(\lambda,\mu)=0.013\,6$$

当 $\mu_{02}^{(a_3)}=0.923\,0$ 时，各部件的任务成功重要度为

$$I_1(\lambda,\mu)=0.008\,7,\quad I_2(\lambda,\mu)=0.011\,3,\quad I_3(\lambda,\mu)=0.013\,5$$

当 $\mu_{02}^{(a_3)}=0.933\,0$ 时，各部件的任务成功重要度为

$$I_1(\lambda,\mu)=0.008\,7,\quad I_2(\lambda,\mu)=0.011\,3,\quad I_3(\lambda,\mu)=0.013\,5$$

当 $\mu_{02}^{(a_3)}=0.943\,0$ 时，各部件的任务成功重要度为

$$I_1(\lambda,\mu)=0.008\,7,\quad I_2(\lambda,\mu)=0.011\,3,\quad I_3(\lambda,\mu)=0.013\,5$$

当部件 a_3 的维修性参数变化时，各部件的任务成功重要度变化情况见表 5.19。

表 5.19　各部件任务成功重要度变化情况

$\mu_{02}^{(a_3)}$	$I_1(\lambda,\mu)$	$I_2(\lambda,\mu)$	$I_3(\lambda,\mu)$	重要度排序
0.853 0	0.008 7	0.011 3	0.013 6	$I_1<I_2<I_3$
0.863 0	0.008 7	0.011 3	0.013 6	$I_1<I_2<I_3$
0.873 0	0.008 7	0.011 3	0.013 6	$I_1<I_2<I_3$
0.883 0	0.008 7	0.011 3	0.013 6	$I_1<I_2<I_3$
0.893 0	0.008 7	0.011 3	0.013 6	$I_1<I_2<I_3$
0.903 0	0.008 7	0.011 3	0.013 6	$I_1<I_2<I_3$
0.913 0	0.008 7	0.011 3	0.013 6	$I_1<I_2<I_3$
0.923 0	0.008 7	0.011 3	0.013 5	$I_1<I_2<I_3$
0.933 0	0.008 7	0.011 3	0.013 5	$I_1<I_2<I_3$
0.943 0	0.008 7	0.011 3	0.013 5	$I_1<I_2<I_3$

由表5.19可得，部件a_3的任务成功重要度会随着其维修性参数的增加而减小，部件a_1和a_2的任务成功重要度保持不变。同样地，由于各个部件之间相互独立，当任一部件的维修性参数增大时，该部件的任务成功重要度会随之减小，而其他部件的任务成功重要度排序保持不变。

5.5 参考文献

[1] LEVITIN G, PODOFILLINI L, ZIO E. Generalised importance measures for multi-state elements based on performance level restrictions[J]. Reliability Engineering & System Safety, 2003, 82(3):287 - 298.

[2] LISNIANSKI A, LEVITIN G. Multi-state system reliability: assessment, optimization and applications [M]. Singapore: World Scientific Publishing, 2003.

[3] FUSSELL J B. How to hand-calculate system reliability and safety characteristics[J]. IEEE Transactions on Reliability, 1975, 24 (3): 169 -174.

[4] ZIO E, MARELLA M, PODOFILLINI L. Importance measures-based prioritization for improving the performance of multi-state systems: application to the railway industry[J]. Reliability Engineering & System Safety, 2007,92(10):1303 - 1314.

[5] ZIO E, PODOFILLINI L. Importance measures of multi-state components in multi-state systems [J]. International Journal of Reliability Quality and Safety Engineering, 2003, 10(3):289 - 310.

[6] LI S, SUN S, SI S, et al. Decision diagram basedmethods and reliability analysis for *k*-out-of-*n*: G systems[J]. Journal of Mechanical Science & Technology, 2014,28(10):3917 - 3923.

[7] ZHAO J, HOU P, CAI Z , et al. Research of mission success importance for a multi-state repairable *k*-out-of-*n* system[J]. Advances in Mechanical Engineering, 2018, 10(2):168781401876220.

[8] BILLINTON R, ZHANG W. State extension for adequacy evaluation of composite power systems-applications[J]. IEEE Transactions on Power Systems, 2002, 15(1):427 - 432.

[9] NOURELFATH M, CHÂTELET E, NAHAS N. Joint redundancy and

imperfect preventive maintenance optimization for series-parallel multi-state degraded systems[J]. Reliability Engineering & System Safety, 2012, 103:51-60.

[10] GUZE S. Reliability analysis of multi-state ageing series-consecutive "m out of k: F" systems [C]//European Safety and Reliability Conference (ESREL). Prague, Czech Republic, 2009, 1(3): 1629-1635.

第6章　基于重要度的可修系统任务成功性优化

6.1　可修系统任务成功性优化模型

6.1.1　问题描述

近年来，PMS任务成功性评估问题成为可靠性领域的研究热点，准确地评估PMS的任务成功性能够有效保证系统的可用性和安全性。比如，Penmetsa提出了一种系统可靠性分析方法，能够有效评估深穿透武器系统摧毁目标的任务成功性。针对大型PMS系统，Lu等人提出了一种非仿真方法，通过对离散时间的成功状态进行采样来避免二值决策图的爆炸。除此之外，常见的任务成功性方法还包含基于生成函数的MSP估计方法、退化数据驱动的MSP估计方法等等。然而，由于可修PMS的复杂性，对可修PMS的优化问题的研究较少。

因此，本章针对具有可修部件的PMS，提出一种基于重要度的任务成功性优化算法，能够在部件模块可靠性参数边界、部件模块维修性参数边界、维修成本的约束条件下求解可修部件的最优配置问题。

6.1.2　假设条件

(1) 可修的PMS由N个部件组组成，部件组形成的集合可由C表示，且$C=\{c_1,c_2,\cdots,c_l,\cdots,c_N\},l=1,2,\cdots,N$；

(2) 每个部件组l中包含$M^{(c_l)}$个相同的部件，部件的失效时间和修理时间分别服从参数为λ_{c_l}和μ_{c_l}的指数分布；

(3) 系统中的所有部件均为二态，即工作和故障两种状态；

(4) 部件组l的状态取决于正常工作的部件数，其状态集合可表示为$\{0,1,2,\cdots,m^{(c_l)},\cdots,M^{(c_l)}\}$，当状态值小于等于$m^{(c_l)}$时，部件组$l$处于失效状态，否则，

部件组 l 正常工作，因此，可将部件组 l 视为 $M^{(c_l)}$ 中取 $(m^{(c_l)}+1)$ 系统；

(5) 不同部件组中的部件之间相互独立；

(6) 每个部件组只有一个维修设备，因此维修后的部件组状态值增加 1；

(7) 对于任意部件组，前一阶段任务结束时刻的状态概率即为下一阶段任务初始时刻的状态概率。

6.1.3　任务成功性优化模型

根据 6.1.1 小节中的描述，该优化问题的目标函数为具有可修部件的 PMS 的 MSP 值最大化。MSP 值与初始状态概率、阶段持续时间、部件状态、可靠性参数和可维修性参数有关，其中前三个变量是已知的，MSP 可记为 $P^{\mathrm{MS}}(\boldsymbol{\lambda},\boldsymbol{\mu};p_s^{(c_l)},m^{(c_l)},M^{(c_l)})$. 该问题有 $2N$ 个决策变量，包括可靠性参数 $\boldsymbol{\lambda}=\{\lambda_1,\cdots,\lambda_l,\cdots,\lambda_N\}$ 和维修性参数 $\boldsymbol{\mu}=\{\mu_1,\cdots,\mu_l,\cdots,\mu_N\}$。假设各部件失效时间和维修时间都符合指数分布，则各部件在不同状态下的平均工作时间是 $\mathrm{MTBF}=1/\lambda$，平均停工时间 $\mathrm{MDT}=1/\mu$。各部件模块的可靠性参数和维修性参数都有不同的上、下界约束，同一部件模块内部件的可靠性参数和维修性参数具有相同的上、下界。同时，改进后的成本不应超过规定的成本。基于该问题的目标函数、决策变量以及约束条件，得到的 MSP 优化的数学模型为

$$\left.\begin{aligned}
\max\quad & P^{\mathrm{MS}}(\boldsymbol{\lambda},\boldsymbol{\mu};p_s^{(c_l)},m^{(c_l)},M^{(c_l)})=\prod_{s=1}^{S}f_s(p_s^{(c_1)},\cdots,p_s^{(c_l)},\cdots,p_s^{(c_N)})\\
\text{s.t.}\quad & (\lambda_l)_{\min}\leqslant\lambda_l\leqslant(\lambda_l)_{\max},\quad l=1,2,\cdots,N\\
& (\mu_l)_{\min}\leqslant\mu_l\leqslant(\mu_l)_{\max}\\
& \sum_{l=1}^{N}((1/\lambda_1-1/(\lambda_1)_{\max})\cdot c(\lambda_1)+(1/(\mu_1)_{\min}-1/\mu_l)\cdot c(\mu_l))\leqslant C_0\\
& p_s^{(c_l)}=\boldsymbol{v}_0^{(c_l)}\cdot(\prod_{v=1}^{s-1}\boldsymbol{E}_v^{(c_l)})\cdot\boldsymbol{U}_s^{(c_l)}\cdot\mathbf{1}^{\mathrm{T}}\\
& \sum_{s=1}^{S}t_s=|\boldsymbol{T}_{\mathrm{p}}|
\end{aligned}\right\}\tag{6.1}$$

式中：λ_l 是模块 l 部件的可靠性参数；μ_l 是模块 l 部件的可维修性参数；$\boldsymbol{v}_0^{(c_l)}$ 是模块 l 部件的初始状态概率，是一个包含 $(M^{(c_l)}+1)$ 个元素的行向量；$\boldsymbol{T}_{\mathrm{p}}$ 是所有阶段持续时间的行向量，可以记为 $\boldsymbol{T}_{\mathrm{p}}=\{t_1,\cdots t_s,\cdots t_S\}$；$(\lambda_l)_{\min}$ 和 $(\lambda_l)_{\max}$ 分别是部件模块 l 中部件最小和最大的失效概率；$(\mu_l)_{\min}$ 和 $(\mu_l)_{\max}$ 分别是部件模块 l 中

部件最小和最大维修概率；$c(\lambda_l)$ 是部件模块 l 的增大单位 MTBF 的成本；$c(\mu_l)$ 是部件模块 l 的减小单位 MDT 的成本；C_0 是给定的成本上限。

6.2 基于重要度的蚁群优化算法

按照决策变量类型，可将优化问题分为离散优化问题和连续优化问题。针对连续优化问题，蚁群算法（Ant Colony Optimization, ACO）因其有效性和鲁棒性而广泛应用于医疗系统、通信网络系统和水资源网络等领域中。该算法基于加权连续高斯分布，通过使蚂蚁保持一定距离，来保持蚂蚁多样化，同时利用信息素更新方法进行迭代得到最优解。另外，重要度是衡量部件可靠性变化对系统可靠性影响的度量指标，它通过优先优化关键部件来提高算法的求解效率，目前已成为解决可靠性优化问题的重要工具，特别是对于可重构系统和复杂网络。因此，针对本章的多维连续优化问题，将基于重要度的局部搜索方法与蚁群算法相结合，提出一种求解任务成功优化问题的优化算法，即基于重要度的蚁群优化算法（Importance Measure-based Ant Colony Optimization，IMACO）算法。

6.2.1 基于重要度的局部搜索方法

根据重要度理论，提高系统的可靠性可由部件可靠性增量与部件的 Birnbaum 重要度的乘积来评估。考虑到 MSP 计算的复杂性，引入各变量的重要度，从而找出能够以经济有效的方式产生最大 MSP 改进的部件模块。每个部件模块的重要度代表单位成本下 MSP 的增量，记为 I_{MSC_j} $(j=1,2,\cdots,2N)$，可由下式进行评价。其中 I_{MSC} 的前 N 个变量为可靠性参数，后 N 个变量为可维修性参数。

$$I_{\mathrm{MSC}_j}=\begin{cases}\Delta p_j\cdot I_{B_j}/(1/\lambda_j-1/(\lambda_j)_{\max})c(\lambda_j), & j\leqslant N\\ \Delta p_{(j-N)}\cdot I_{B_{(j-N)}}/(1/(\mu_{j-N})_{\min}-1/\mu_{(j-N)})\cdot c(\mu_{(j-N)}), & j>N\end{cases} \tag{6.2}$$

式中：分母代表变量 j 调整到最佳数值时的成本消耗；分子代表的是改进后的 MSP，其中 I_{B_j} 是部件的 Birnbaum 重要度，Δp_j 是指通过调整变量 j 来提高给定部件模块中部件的工作概率。

对于变量的重要性，可以根据部件可靠性增量和 Birnbaum 重要性来评价 MSP 的改善程度，也可以根据初始状态概率、$\boldsymbol{E}$ 矩阵和 $\boldsymbol{U}$ 矩阵来计算部件可靠性的改善程度。基于重要度的局部搜索方法的主要思想是通过两种经济有效的方法来优化 MSP。第一种方法是将可维修性参数的成本用于重要性较高的可靠性参数,第二种方法是将低重要性的可维修性参数的成本用于重要性较低的可靠性参数的优化。因此,基于重要度的局部搜索方法的详细过程描述如下:

(1)从蚁群中选择 $n_m = \lfloor 0.1m_0 + 0.5 \rfloor + 1$ 个蚂蚁,这些蚂蚁包括能使 MSP 最大化的最优个体和从蚁群中随机选择的其他蚂蚁。

(2)由式(6.2)计算各变量调整到最优值时的重要度,即单位成本的 MSP 提升量。

(3)基于 I_{MSC_j},根据以下规则调整变量:①如果有为优化维修性参数而产生的成本,则该成本应该用于对 MSP 改善程度较高的可靠性参数的改善。这主要是因为维修性参数对 MSP 的影响很小。②如果维修性参数没有产生成本,则对改善 MSP 贡献度低的可靠性参数的成本应该用于贡献度高的参数的改善,同时这些变量的改变也应该满足参数的边界要求。

(4)比较调整前、后的蚂蚁的 MSP,选择较优的作为当前蚂蚁。

(5)停止局部搜索过程,直到所选蚂蚁全部更新完毕。

6.2.2　蚁群算法在系统任务成功性优化中的应用流程

蚁群算法是一种群智能算法,它是由一群无智能或有轻微智能的个体(Agent)通过相互协作而表现出智能行为,从而解决复杂问题的算法。

对于 6.1 节中所描述的可靠性优化模型,以部件 i 在正常状态下的工作时间 MTBF 以及在失效状态下的平均停工时间 MDT 为优化变量,即优化变量为 B_i^1、B_i^2、B_i^m 以及 D_i^1、D_i^2、D_i^n,$i \in \{1,2,\cdots,X\}$。$\mathrm{MTBF} \in \{T_1^a, T_2^a, \cdots, T_n^a\}$,与提升 MTBF 相对应的费用集合 $C^a \in (c_1^a, c_2^a, \cdots, c_{n-1}^a)$,例如,MTBF 从 T_1^a 提升到 T_1^a,所需的费用为 c_1^a。优化变量 MDT 的取值范围 $\mathrm{MDT} \in \{T_1^b, T_2^b, \cdots, T_n^b\}$,与降低 MDT 相对应的费用集合 $C \in \{c_1^b, c_2^b, \cdots, c_{n-1}^b\}$,例如,MDT 从 T_2^b 降低到 T_1^b 所需的费用为 c_1^b。目标函数为系统的任务成功性,约束条件为提升 MTBF 的费用不超过费用上限 V^a,降低 MDT 的费用不超过费用上限 V^b。下面先将问题用图形化表示。

图 6.1 为 ACO 解决多态可修系统任务成功性优化的构造图,是由 $\sum_{i=1}^{x} m^i + \sum_{i=1}^{x} n^i$ 个节点按照先后顺序排列形成的,各个节点表示部件 $I_4 = 0.011\,913$ 在正常状态下的平均工作时间 MTBF 以及在失效状态下的平均停工时间 MDT,即

优化问题的优化变量 $B_i^1, B_i^2, \cdots, B_i^{m^i}$ 与 $D_i^1, D_i^2, \cdots, D_i^{n^i}$，其中 $i \in \{1, 2, \cdots, X\}$。节点 $B_i^1, B_i^2, \cdots, B_i^{m^i}$ 在集合 $\{T_1^a, T_2^a, \cdots, T_m^a\}$ 中取值，节点 $D_i^1, D_i^2, \cdots, D_i^{n^i}$ 在集合 $\{T_1^b, T_2^b, \cdots, T_n^b\}$ 中取值，节点之间存在 $n \times n$ 条有向线段。每只蚂蚁分别在节点 $B_i^1, B_i^2, \cdots, B_i^{m^i}$ 和节点 $D_i^1, D_i^2, \cdots, D_i^{n^i}$ 上独立移动，即每只蚂蚁在一次循环中会形成两条独立的子路径，这两条独立的子路径分别表示部件在各个正常状态下的平均工作时间 MTBF 以及在各个失效状态下的平均停工时间 MDT。然后将这两条独立的子路径组合成一条完整的路径，这条完整的路径即为优化问题的一个可行解。

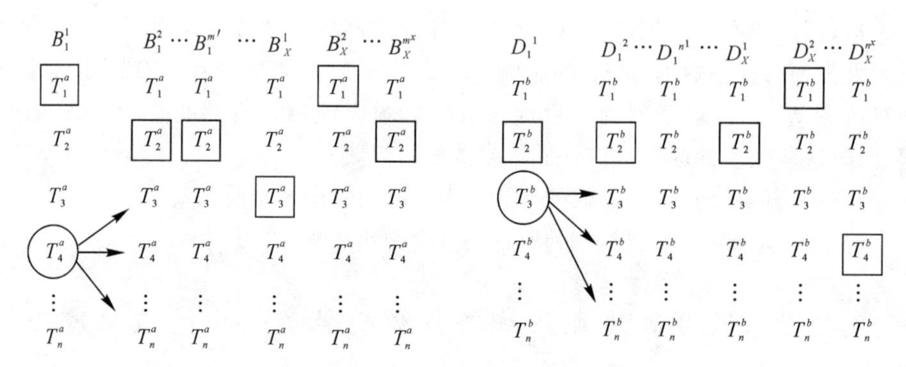

图 6.1　优化模型构造图

ACO 算法求解该模型的具体过程如下所述。

(1)算法参数初始化。初始化蚁群算法所需参数，具体见表 6.1。

表 6.1　初始化参数

参　数	意　义
m	蚂蚁数量
Times	迭代次数
$T_{\max}^a$	$\mathrm{MTBF}_{(\max)}$
$T_{\min}^a$	$\mathrm{MTBF}_{(\min)}$
$T_{\max}^b$	$\mathrm{MDT}_{(\max)}$
$T_{\min}^b$	$\mathrm{MDT}_{(\min)}$
C	成本约束
c	改进单位成本
P_0	邻域搜索率
ρ	信息素蒸发率

(2)蚂蚁初始化。根据成本约束 C 与变量约束 T^a 和 T^b,随机生成各个蚂蚁的初始路径。若生成有向线段无法满足问题的约束,则构造集合$\{T^a_{\max},T^b_{\max}\}$和集合$\{T^a_{\min},T^b_{\min}\}$,按照如下原则调整变量约束,确保选取的 T^a 和 T^b 值在两个集合的范围内:

1)当 T^a 或 T^b 的值大于 $T^a_{\max}$或 $T^b_{\max}$时,T^a 或 T^b 取 $T^a_{\max}$或 $T^b_{\max}$;

2)当 T^a 或 T^b 的值小于 $T^a_{\min}$或 $T^b_{\min}$时,T^a 或 T^b 取 $T^a_{\min}$或 $T^b_{\min}$。

图 6.1 中方框选中的值表示给定多态可修系统各个部件在不同状态下 MTBF 与 MDT 的初始分配,通过提升 MTBF 与降低 MDT 的初始值来达到提高系统任务成功性的目的。图中第一列圆圈选中的值表示 B^1_1 的值由 T^a_1 提升到了 T^a_4,图中第七列圆圈选中的值表示 D^1_1 的值由 T^b_2 降低到了 T^b_3,这是每只蚂蚁在形成路径时选择的两个节点,整个路径的调整就是通过各个节点的调整来实现的。

(3)计算蚂蚁信息素。在本书中,用各条路径的 MSP 作为各蚂蚁的信息素浓度,计算蚂蚁信息素即计算出蚂蚁走过的路径的 MSP。

(4)计算蚂蚁邻域搜索率。按照下式计算蚁群中各蚂蚁的邻域搜索率:

$$P(g,a_i)=[\max(\tau(g,a_i))-\tau(g,a_i)]/\max(\tau(g,a_i)) \tag{6.3}$$

式中:$P(g,a_i)$是第 $g(1\leqslant g\leqslant G_{\max})$代蚂蚁 $a_i(1\leqslant a_i\leqslant m_0)$的邻域搜索率;$\tau(g,a_i)$是第 g 代蚂蚁的信息素值;$\max(\tau(g,a_i))$是 g 代中所有蚂蚁信息素的最大值。

(5)进行迭代搜索。执行基于邻域搜索率进行迭代搜索,对路径进行修正以满足成本约束和变量约束[如步骤(2)所述]。当邻域搜索率小于 P_0 时,蚂蚁会在初始路径附近找到较好的路径;否则,蚂蚁就需要重新调整路线,朝着更好的方向前进。因此,每个变量将根据下式进行调整:

$$\text{temp}=\begin{cases}\text{pop}+(2\cdot\text{rand}-1)\cdot\omega, & \text{rand}\leqslant P_0\\ \text{pop}+(S_F-\text{pop})\cdot\text{rand}, & \text{rand}>P_0\end{cases} \tag{6.4}$$

式中:pop 表示当前蚂蚁与决策变量;rand 为一个元素在区间[0,1]内的 $1\times 2N$ 阶随机矩阵;$\omega=1/g$ 为步长系数,它随着 g 的增大而减小;S_F 为具有最佳可靠性参数和最佳可维修性参数的假设最终状态;temp 为成本约束和变量边界的调整后的蚂蚁;P_0 为邻域搜索率的阈值。

(6)更新全局最优解。将调整后蚂蚁的 MSP 与调整前蚂蚁的 MSP 进行比较,选择较优的作为当前蚂蚁。

(7)更新信息素矩阵。根据信息素的挥发更新信息素矩阵,根据下式可确定 t 代所有蚂蚁的信息素:

$$\tau(g+1,a_i)=(1-\rho)\tau(g,a_i)+p_{\text{MS}}(g+1,a_i) \tag{6.5}$$

式中：ρ 是信息素挥发率；$p_{\mathrm{MS}}(g+1,a_i)$ 是第$(g+1)$代蚂蚁 a_i 的 MSP。

(8)判断程序是否满足终止条件。判断程序是否满足终止条件(算法迭代次数不超过最大迭代次数 Times)。当程序的迭代次数大于设定的最大迭代次数 Times 时，整个算法流程结束并输出优化结果。如果不满足终止条件，则返回步骤(2)开始新的迭代过程。

6.2.3 IMACO 算法流程

本节在 ACO 算法的基础上引入基于重要度的优化方法，用于提升 ACO 算法的性能、获得质量更高的解集。这种基于重要度的 ACO 算法(IMACO)的算法流程如图 6.2 所示。

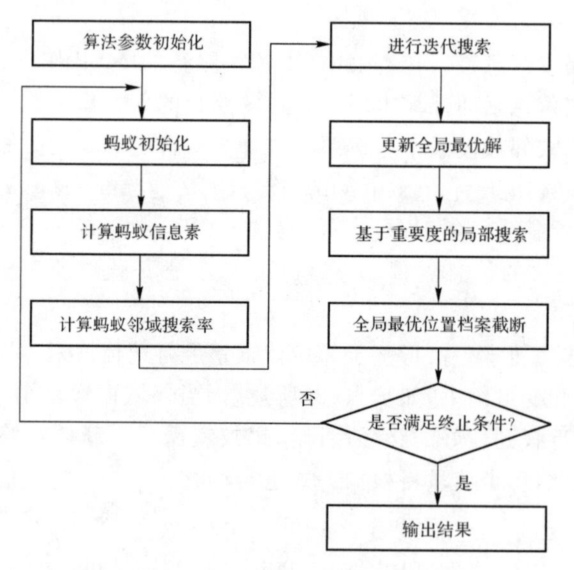

图 6.2 IMACO 的算法流程

6.3 优化算法参数选择

6.3.1 蚂蚁数量的测定

针对一个包含四个部件模块两阶段任务系统。在系统的第一阶段，部件模块 1 和模块 2 中的一个需要正常工作；在第二阶段，部件模块 1 必须正常工作，部件模块 3 和 4 中的一个正常工作。蚂蚁的数量从 250 只增加到 400 只；成本限制是 500、1 000、1 500。设有 24(8◇3)个实例，分别具有不同的 m_0 和 C。IMACO 算法将对每个实例以不同的初始化种群运行 50 次。部件模块的状态为 $m=[1, 2, 2, 3]$和 $M=[2, 4, 5, 6]$；各变量改进的单位成本为 $C_0=[3, 2, 1.5, 1.5, 1.8, 1.8, 2, 1.5]$；MTBF 和 MDT 的下界分别为 1 和 50，MTBF 和 MDT 的上界分别为 1 000 和 10。需要记录每个实例的平均值(mean)、最优值、最差值、方差、变异系数(Coefficient of Variation，CV)和运行时间(time)。实验结果见表 6.2。

当成本约束为 500 时，随着 m_0 从 50 增加到 400，MSP 的平均值从 0.873 7 增加到 0.875 5，即 MSP 增量为 0.001 8。随着 m_0 的增加，方差和变异系数的趋势迅速减小，这意味着结果变得越来越好，因为每个实例都有一个方差更小的优化解。$m_0=50$ 时运行时间为 18.561 3，$m_0=400$ 时运行时间为 115.506 3，即随着 m_0 的增大，运行时间变长。当成本约束为 1 000 或 1 500，m_0 从 50 变化到 400 时，平均 MSP 也增加，方差趋势变小。运行时间随着 m_0 的增加而迅速增加，但一旦 m_0 确定，运行时间随着成本约束的增加而降低。蚂蚁的选择需要考虑 IMACO 算法的实验结果和运行时间。m_0 越大，MSP 越好，说明 IMACO 算法的性能越好。但是，运行时间会随着 m_0 的增加而快速增加，因此需要平衡运行时间和算法结果之间的冲突，考虑到 IMACO 算法的效率，蚂蚁的数量 m_0 不应该太大。

表 6.2　实验结果

m_0	指　数	$C=500$	$C=1\ 000$	$C=1\ 500$
50	平均值	0.873 7	0.925 8	0.943 5
	方差	1.53E−06	1.34E−06	2.70E−06
	变异系数	1.42E−03	1.25E−03	1.74E−03
	平均时间	18.561 3	18.687 3	15.186 4
100	平均值	0.874 8	0.926 6	0.944 8
	方差	1.05E−06	4.78E−07	7.48E−06
	变异系数	1.17E−03	7.46E−04	2.89E−03
	平均时间	34.385 8	32.338 2	28.846 2

续表

m_0	指　数	C=500	C=1 000	C=1 500
150	平均值	0.875 0	0.926 7	0.944 8
	方差	4.48E−07	5.19E−07	3.74E−06
	变异系数	7.65E−04	7.78E−04	2.05E−03
	平均时间	43.768 7	38.271 2	37.041 4
200	平均值	0.875 1	0.927 0	0.944 4
	方差	4.04E−07	2.24E−07	2.16E−07
	变异系数	7.26E−04	5.10E−04	4.92E−04
	平均时间	57.154 6	47.395 1	50.035 2
250	平均值	0.875 3	0.927 1	0.944 9
	方差	3.05E−07	2.50E−07	4.55E−06
	变异系数	6.31E−04	5.39E−04	2.26E−03
	平均时间	59.899 2	59.225 5	53.345 4
300	平均值	0.875 3	0.927 2	0.945 1
	方差	2.42E−07	1.88E−07	5.66E−06
	变异系数	5.62E−04	4.68E−04	2.52E−03
	平均时间	83.377 2	70.310 4	81.924 2
350	平均值	0.875 4	0.927 1	0.945 1
	方差	1.83E−07	1.80E−07	5.66E−06
	变异系数	4.89E−04	4.57E−04	2.52E−03
	平均时间	91.764 5	82.575 3	82.613 6
400	平均值	0.875 5	0.927 3	0.946 2
	方差	1.16E−07	1.06E−07	1.75E−05
	变异系数	3.89E−04	3.50E−04	4.42E−03
	平均时间	115.506 3	96.371 4	86.707 9

6.3.2　邻域搜索率和信息素蒸发率的讨论

本节的研究对象与 6.3.1 小节的系统相同。设蚂蚁数量为 300，成本约束为 500、1 000、1 500。邻域搜索率 P_0，信息素蒸发率 ρ 从 0.1 变化到 0.9，因此有 243(3 ×9 ×9)个实例，IMACO 算法将对每个实例使用不同的初始种群执行 50 次。其他参数与 6.3.1 小节中的参数相同，需要记录每个实例的平均值、最优值、最差值、方差、CV 和运行时间。实验结果如下：

本节考虑了邻域搜索速率和信息素蒸发速率对 MSP 的影响。由于参数和分阶段任务系统与 6.3.1 小节相同，所以考虑到 IMACO 算法的运行时间，将蚁群数设为 300。在 C 为某一特定值时，对于不同 P_0 和不同的 ρ，MSP 的变化如图 6.3～图 6.5 所示。

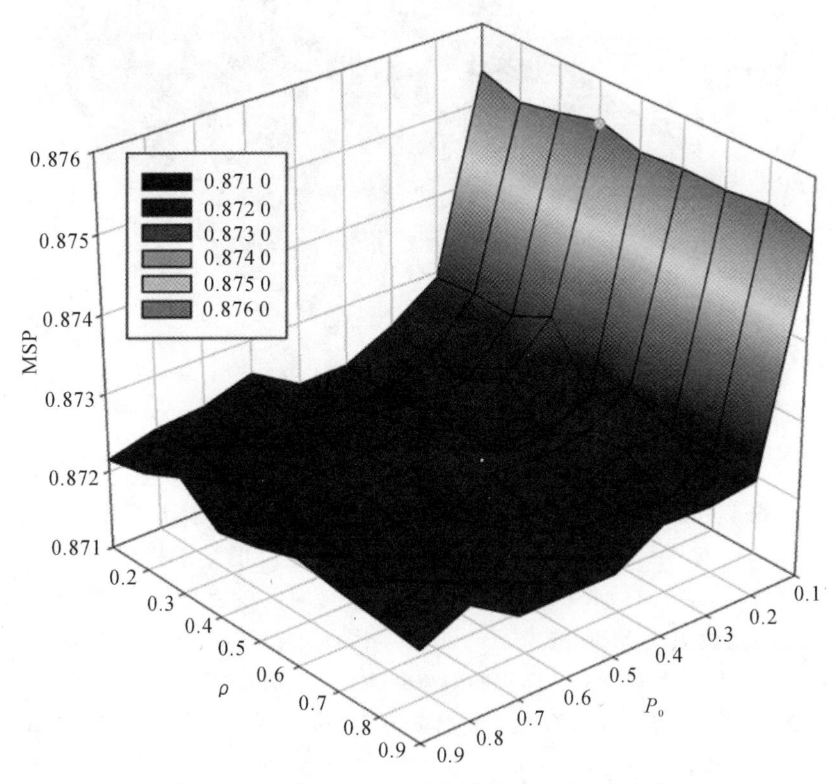

图 6.3　当 C=500 时，MSP 随不同 P_0 和 ρ 的变化

从图 6.3 可以看出，当 P_0 = 0.1 时，MSP 的值远大于当 P_0 大于 0.1 时的

MSP。对于 $C=500$ 的情况，当 $P_0=0.1$ 且 $\rho=0.4$ 时，最大的 MSP 为 0.875 5。当 ρ 变化时，MSP 随时间变化很小，最小 MSP 为 0.875 2，仅比最大值小 0.000 3。因此，当 $C=500$ 时，P_0 对 MSP 有重要影响，但 ρ 对 MSP 影响不大。

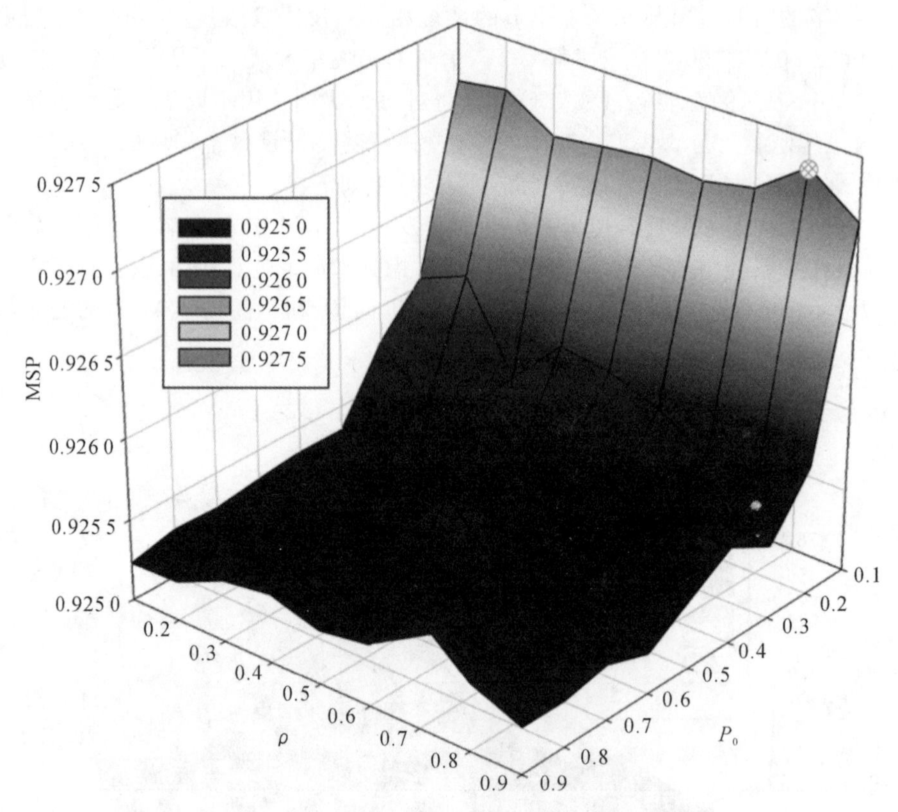

图 6.4　当 $C=1\ 000$ 时，MSP 随不同 P_0 和 ρ 的变化

从图 6.4 可以看出，当 $P_0=0.1$ 时，MSP 的值远大于 P_0 大于 0.1 时的 MSP。成本约束 $C=1\ 000$ 的结果与成本约束 $C=500$ 的结果相似。图 6.4 中，当 $P_0=0.1$ 时，最大的 MSP 为 0.927 3。MSP 随时间的变化较小，最小的 MSP 为 0.927 0，仅比最大 MSP 减少了 0.000 3。因此，当 $C=1\ 000$ 时，P_0 对 MSP 有重要的影响，为了使 IMACO 算法的效果最大化，P_0 需要较小。

从图 6.5 可以看出，当 $C=1\ 500$ 时，P_0 和 ρ 对 MSP 的影响与 $C=500$ 和 $C=1\ 000$ 时不同。在图 6.5 中，当 $P_0=0.1$ 且 $\rho=0.2$ 时，MSP 取最大值为 0.945 9；当 $P_0=0.4$ 且 $\rho=0.7$ 时，MSP 值为 0.944 9，比 P_0 取 0.1 时的结果要大，但是这个值也比 MSP 的最大值要小。因此，当 $C=1\ 500$ 时，P_0 和 ρ 的取值对 MSP 的结果有重要影响。

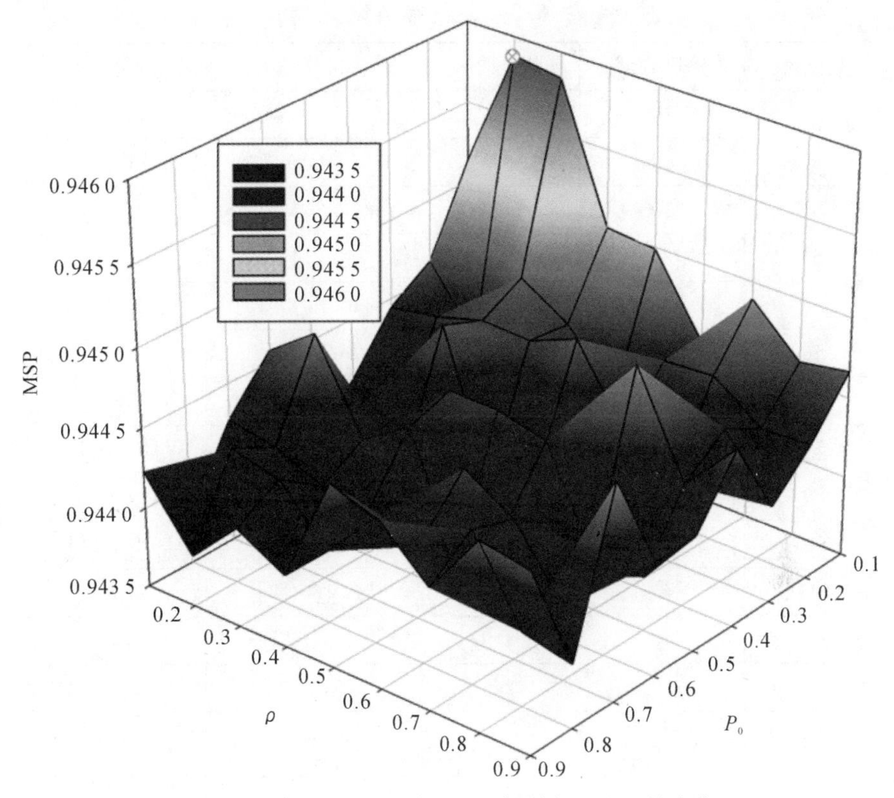

图6.5 当 C=1 500时，MSP随不同 P_0 和 ρ 的变化

根据这三种不同成本约束下的结果可以得出，P_0 的值应该较小，ρ 应当根据IMACO算法的性能来确定。对于本节中的两阶段任务系统，假设 P_0 是0.1，ρ 应当在[0.2,0.4]范围内取值。

6.3.3 IMACO算法性能分析

假设蚂蚁数量为100，成本约束与部件模块数量 N 成正比。有15个系统，每个系统具有不同阶段数（S=2,3,4）和不同的部件模块数量（N=10,20,30,40,50）。系统的部件模块数量、每个任务阶段的运行时间和任务需求都是已知的，其他参数随机生成。ACO和IMACO算法在相同的参数下执行同一个实例，该过程将运行50次。每次需要记录ACO和IMACO算法的MSP与运行时间的比值。本节实验设置的系统参数见表6.3。

表 6.3　系统参数设置

系　统	模块数量	阶　段	阶段任务	阶段任务
S1	10	2	[5, 7]	[3, 4]
S2	10	3	[3, 4, 5]	[2, 2, 2]
S3	10	4	[3, 3, 4, 4]	[1, 2, 2, 3]
S4	20	2	[10, 14]	[5, 8]
S5	20	3	[6, 7, 8]	[2, 3, 4]
S6	20	4	[5, 6, 7, 8]	[2, 3, 4, 3]
S7	30	2	[16, 18]	[8, 10]
S8	30	3	[10, 12, 14]	[5, 6, 7]
S9	30	4	[8, 10, 12, 14]	[3, 5, 6, 7]
S10	40	2	[20, 25]	[10, 14]
S11	40	3	[14, 16, 18]	[7, 8, 9]
S12	40	4	[12, 14, 16, 18]	[6, 7, 8, 9]
S13	50	2	[25, 30]	[14, 16]
S14	50	3	[18, 19, 20]	[9, 10, 12]
S15	50	4	[15, 18, 19, 20]	[8, 9, 10, 12]

采用平均 MSP 值速率(Mean Rate of MSP Value,MRMV)和平均运行时间速率(Mean Rate of Running Time,MRRT)来评价 IMACO 算法与 ACO 算法的有效性。MRMV 是 IMACO 算法与蚁群算法得到的 MSP 的平均比值;MRRT 是 IMACO 算法与蚁群算法平均运行时间的平均比值。因此,较高 MRMV 的解和较低 MRRT 的解证明了 IMACO 算法更有效。实验结果如下。

本节实验对比了 IMACO 算法和 ACO 算法的性能,实验结果见表 6.4。从表中可以看出,所有的 MRMV 都大于 1,这意味着 IMACO 算法可以得到比 ACO 算法更好的解。随着部件模块、任务和阶段运行时间的增加,IMACO 算法和 ACO 算法的运行时间都在增加,但不同系统的 MRRT 有不同的变化。在部件模块数目相同的情况下,两阶段任务系统的 MRRT 大于其他两阶段任务系统,而三阶段任务系统的 MRRT 是这三种系统中最短的。S1、S2、S3 的部件模块数为 10 个,三个系统的 MRRT 分别为 1.284 7、0.993 7、0.907 4。

随着成本约束的增加,MRMV 和 MRRT 均呈下降趋势。对于任何系统,

MRMV 的减小是由于随着成本约束的增加，IMACO 算法与 ACO 算法之间的 MSP 差距变小。MRRT 的减小意味着两种算法运行时间的差别变小了，并且当 MRRT 小于 1 时 IMACO 算法的运行时间比 ACO 算法的运行时间要短。对于 S14，当成本约束分别是 1 500、2 000 和 2 500 时，MRRT 的值分别是 1.664 6、1.352 9 和 0.696 3，MRMV 分别是 1.302 4、1.195 4 和 1.092 7。尽管 MRMV 随着成本约束的增加而降低，但 IMACO 算法性能仍好于 ACO 算法性能。当系统确定时，平均运行时间随着成本约束的增加而缩短。

表 6.4　实验结果

系　统	$C=30N$		$C=40N$		$C=50N$	
	MRMV	MRRT	MRMV	MRRT	MRMV	MRRT
S1	1.213 0	1.284 7	1.158 1	1.140 3	1.131 8	0.868 9
S2	1.197 9	0.993 7	1.151 9	0.727 5	1.132 1	0.576 5
S3	1.499 3	0.907 4	1.323 4	0.875 0	1.286 8	0.597 9
S4	1.263 1	1.571 8	1.231 8	1.617 7	1.133 7	1.327 9
S5	1.055 4	0.994 5	1.040 1	0.666 6	1.023 7	0.583 7
S6	1.096 2	1.345 4	1.049 2	0.794 2	1.051 9	0.637 2
S7	1.202 5	1.731 2	1.202 6	1.591 8	1.113 9	1.165 5
S8	1.041 3	1.308 6	1.028 7	0.888 3	1.014 8	0.732 6
S9	1.055 0	1.533 8	1.049 0	1.134 3	1.030 6	0.599 1
S10	1.260 5	1.885 4	1.179 4	1.827 3	1.100 3	1.203 5
S11	1.102 4	1.484 9	1.054 7	1.010 3	1.047 9	0.592 8
S12	1.206 4	1.629 4	1.102 2	1.219 6	1.061 6	0.767 4
S13	1.159 1	2.083 0	1.115 9	1.955 5	1.059 6	1.126 5
S14	1.302 4	1.664 6	1.195 4	1.352 9	1.092 7	0.696 3
S15	1.499 7	1.661 4	1.172 0	1.488 8	1.156 5	0.841 7

当成本约束确定时，MRMV 和 MRRT 的变化可以通过阶段数和部件模块数进行分析。如果部件模块数相同但是阶段数不同，如 S4、S5 和 S6，那么随着阶段数的增长，MRRT 先减小后增大，MRMV 也有着相同的趋势。例如，S4、S5 和 S6 的成本约束都是 $30N$，它们的 MRMV 分别是 1.263 1、1.055 4 和 1.096 2，相同条件下的 MRRT 分别是 1.571 8、0.994 5 和 1.345 4。因此，在部

件模块数确定的情况下，MRRT 和 MRMV 随着阶段数的增加有着相同的变化趋势。

当阶段数确定时，MRRT 几乎随部件模块数的增加而增加，而 MRMV 则呈现相反的趋势。当成本约束为 $30N$ 时，MRRT 基本都大于 1，其中某些有较多的阶段数和较少的部件模块数的系统的 MRRT 小于 1，例如 S2、S3、S4 有 3 或 4 个阶段。然而，当成本约束为 $50N$ 时，尽管 MRRT 的值在增加，具有多个阶段的系统的 MRRT 仍然小于 1。

根据表 6.4 的分析，可以总结出 IMACO 算法在不同系统中的性能。当系统参数确定时，MRMV 和 MRRT 会随着约束成本的增加而减小。当成本约束确定时，对于有着相同数量部件的系统而言，它们的 MRRT 和 MRMV 随着阶段数的增加有着相同的减小趋势；对于有着相同阶段数的系统而言，MRRT 随部件数量的增加而增大，MRMV 则减小。因此，当部件模块较小时，IMACO 算法的效率更高，而当部件模块较大时，IMACO 算法的运行时间更短。

6.4 算例分析

6.4.1 IMACO 算法数值算例

一个三阶段任务系统包括 10 个部件模块，用于完成任务。为了完成第一阶段的任务，两个子系统都要完成各自的任务。子系统 1 是由部件模块 1 和模块 2 组成的 2 中取 1 系统，子系统 2 是由部件模块 3、4、5 组成的 3 中取 1 系统。部件模块 2 和部件模块 6、7、8 中的一个应该在第二阶段工作。对于第三阶段，部件模块 8、9 和部件模块 10 中的一个应该一直工作。本系统的参数见表 6.5。

表 6.5 10 个部件模块的三阶段任务系统的参数

参 数	取 值
m	[3, 2, 3, 3, 2, 1, 1, 4, 2, 2]
M	[5, 3, 6, 6, 5, 3, 2, 6, 5, 4]
$(\lambda_l)_{\max}$	1/30
$(\lambda_l)_{\min}$	1/600
$(\mu_l)_{\max}$	1/10

续表

参　数	取　值
$(\mu_l)_{\min}$	1/50
C_0	[1.57, 2.39, 2.71, 2.97, 1.63, 2.21, 2.51, 1.13, 2.85, 1.54, 1.52,1.11, 2.07, 1.60, 1.09, 2.95, 1.79, 2.12, 2.58, 1.58]
Phase time	[4, 3, 5]
Mission	$\begin{bmatrix} 1 & 2 & 3 & 4 & 5 \\ 2 & 6 & 7 & 8 & 0 \\ 8 & 9 & 10 & 0 & 0 \end{bmatrix}$

假设 10 个部件模块在任务开始时刻的概率矢量为

$$\boldsymbol{v}_{\mathrm{B}}=\begin{bmatrix} 0.945 & 0.025 & 0.015 & 0.007 & 0.004 & 0.004 & 0 \\ 0.986 & 0.006 & 0.006 & 0.002 & 0 & 0 & 0 \\ 0.931 & 0.025 & 0.016 & 0.009 & 0.007 & 0.007 & 0.005 \\ 0.953 & 0.012 & 0.011 & 0.007 & 0.007 & 0.006 & 0.004 \\ 0.92 & 0.022 & 0.022 & 0.017 & 0.011 & 0.008 & 0 \\ 0.968 & 0.025 & 0.004 & 0.003 & 0 & 0 & 0 \\ 0.923 & 0.042 & 0.035 & 0 & 0 & 0 & 0 \\ 0.947 & 0.018 & 0.015 & 0.011 & 0.005 & 0.004 & 0 \\ 0.963 & 0.012 & 0.009 & 0.008 & 0.005 & 0.003 & 0 \\ 0.98 & 0.006 & 0.006 & 0.006 & 0.002 & 0 & 0 \end{bmatrix}$$

该算例讨论了 MSP 随着成本约束增加的变化情况，并分析了最优解。MSP 随成本约束的变化如图 6.6 所示。

从图 6.6 可以看出，当成本约束较小时，MSP 增长较快，当成本约束为 500 时，MSP 从初始的 0.404 1 增加到 0.773 2，当成本约束为 2 000 时，MSP 增加到 0.904 9。当成本约束大于 4 000 时，MSP 的数值基本不发生变化。随着成本约束的增加，单位成本的 MSP 增量越来越小。当成本约束达到 2 000 时，MSP 的增量为 0.500 8，单位成本下的 MSP 增量为 0.000 250；当成本约束为 4 000时，MSP 增量为 0.532 3，单位成本 MSP 增量为 0.000 133。随着成本约束的增加，最优解变得不划算。因此，最优解的分析集中在不超过 4 000 的较低成本约束上。

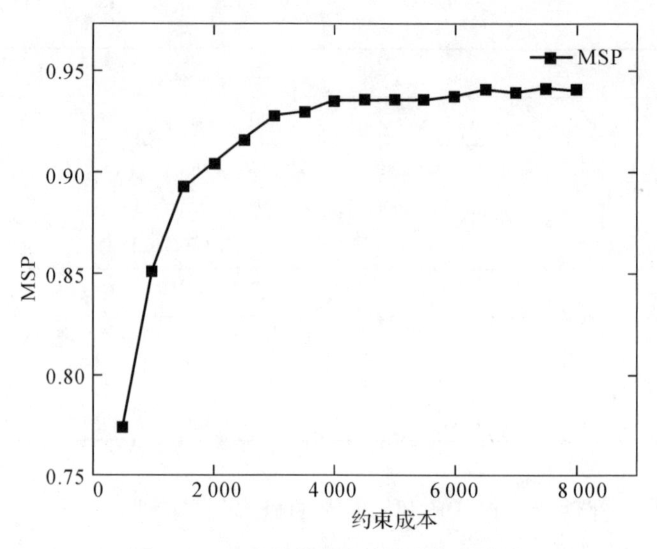

图 6.6　MSP 随着约束成本增加的变化

在 IMACO 算法的局部搜索中,可将调整维修性参数的成本用于提高可靠性参数,因此需要对可靠性参数进行改进,但维修性参数保持不变。为了确定优化部件可靠性参数的优先级,需要根据表 6.6 分析各部件模块的可靠性参数的改进率。

表 6.6　不同成本约束下的部件可靠性参数改进率

C	c_1/(%)	c_2/(%)	c_3/(%)	c_4/(%)	c_5/(%)	c_6/(%)	c_7/(%)	c_8/(%)	c_9/(%)	c_{10}/(%)
200	0.0	**12.0**	1.5	0.7	0.0	0.0	0.1	0.0	0.0	0.0
400	1.7	**12.5**	1.7	0.5	1.1	0.5	2.3	**10.7**	0.0	**6.9**
600	0.0	**24.3**	**6.1**	**5.2**	0.0	1.9	0.6	0.0	0.0	**6.0**
800	1.4	**27.4**	0.7	**6.1**	**9.1**	1.5	5.1	3.7	0.0	**11.5**
1 000	4.7	**38.3**	4.5	2.2	**9.2**	1.8	**8.3**	0.1	0.1	**11.5**
1 200	**14.2**	**39.9**	2.4	2.4	5.0	**9.6**	8.6	0.0	4.2	**10.8**
1 400	4.4	**47.2**	**17.7**	3.5	3.2	5.4	2.3	0.0	**6.4**	**17.1**
1 600	**14.5**	**49.7**	**10.1**	1.8	8.8	7.6	**15.0**	0.0	4.5	**16.3**
1 800	7.5	**54.9**	9.3	2.3	9.0	**9.7**	**22.8**	0.0	8.4	**15.1**
2 000	**11.1**	**62.5**	2.5	**15.2**	6.1	8.3	**11.2**	0.0	8.8	**33.1**
2 200	**34.2**	**68.2**	**12.4**	1.9	3.4	8.6	6.5	0.0	4.1	**50.3**

续表

C	c_1/(%)	c_2/(%)	c_3/(%)	c_4/(%)	c_5/(%)	c_6/(%)	c_7/(%)	c_8/(%)	c_9/(%)	c_{10}/(%)
2 400	**47.9**	**75.2**	7.2	8.7	4.4	3.3	4.2	0.1	**19.5**	**26.1**
2 600	**20.5**	**84.2**	8.6	8.1	**29.5**	3.8	**19.0**	0.0	4.1	**38.7**
2 800	**45.3**	**90.1**	9.3	5.5	**10.4**	7.3	28.9	0.0	6.4	**25.7**
3 000	**26.9**	**99.7**	**19.2**	12.4	**19.3**	16.7	4.8	4.1	2.2	**42.8**
3 200	10.2	**100.0**	**23.4**	5.0	5.2	11.7	5.1	**19.5**	**31.1**	**45.6**
3 400	14.1	**100.0**	9.1	**27.0**	**9.6**	3.9	7.7	**41.5**	**17.2**	**51.4**
3 600	**16.5**	**100.0**	6.8	4.0	8.9	**36.9**	16.1	**32.1**	**39.3**	**33.4**
3 800	**35.2**	**100.0**	19.6	3.1	6.3	4.9	19.9	**74.8**	9.1	**83.6**
4 000	**17.2**	**100.0**	5.2	**43.6**	**27.5**	17.7	10.8	**49.1**	11.8	**55.4**

从表 6.6 中可以看出，应首先考虑优化改进率较高的部件，因为改进率更高的部件对 MSP 的改善有更大的贡献。随着成本约束的增加，为了使 MSP 最大化，需要增加更多部件的可靠性参数。改进率较高部件用粗体标注。由表可知，当成本约束小于 1 600 时，优先改善部件 2 和部件 10 的可靠性参数。当成本约束在区间[1 600，2 400]时，部件 1、2 和 10 的优先级更高。当成本约束在区间[2 600，3 000]时，除了部件 1、2 和 10 的可靠性参数外，部件 5 的可靠性参数也需要改进。如果成本约束为 3 200～4 000，则部件 1、2、8、9、10 的可靠性参数需要改进。考虑到各阶段的任务，应优先改进任务较多的部件可靠性参数，如部件 2；然后考虑任务较少、重要度高的部件（如部件 6 和部件 10）或任务更多的部件（如部件 8）来改善其可靠性参数。

6.4.2　IMACO 算法与 ACO 算法对比

本小节旨在对比 IMACO 算法与 ACO 算法求解系统任务成功性优化问题时的性能与所得解的质量。由 6.4.1 小节可知，当成本约束大于 4 000 时，继续增大成本约束会使最优解变得不划算，因此本小节在对比两种算法时，成本约束取值不超过 4 000，其余参数与 6.4.1 小节中数值算例所取参数一致，实验结果见表 6.7。

从表中可以看出，随着成本约束的增加，MSP 基本保持着上升的趋势，IMACO 算法与 ACO 算法的对比如图 6.7 所示。

表 6.7 IMACO 算法与 ACO 算法对比实验结果

成本约束	IMACO		ACO	
	MSP	时间	MSP	时间
200	0.668 6	36.36	0.610 0	53.38
400	0.756 6	27.22	0.695 5	97.32
600	0.811 8	37.26	0.725 7	93.75
800	0.830 4	22.87	0.778 9	88.18
1 000	0.862 0	33.10	0.798 0	62.98
1 200	0.876 4	28.14	0.826 4	47.08
1 400	0.889 6	20.13	0.852 0	45.31
1 600	0.889 9	20.02	0.843 7	42.03
1 800	0.898 1	36.93	0.854 0	60.33
2 000	0.911 0	34.70	0.864 4	51.81
2 200	0.914 9	21.42	0.884 9	43.78
2 400	0.919 3	21.58	0.885 0	31.04
2 600	0.921 4	27.81	0.890 8	39.19
2 800	0.927 2	20.08	0.903 8	24.68
3 000	0.932 6	19.93	0.903 6	23.29
3 200	0.934 6	23.76	0.903 4	26.75
3 400	0.934 9	21.42	0.908 0	24.80
3 600	0.935 4	21.21	0.912 8	29.95
3 800	0.936 2	22.25	0.917 0	24.46
4 000	0.936 1	21.63	0.919 1	25.77

从图 6.7 可以看出，当约束成本小于 4 000 时，IMACO 算法求出的结果要比 ACO 算法求出的结果好，并且随着成本约束的增加，两者之间的差距越来越小。这说明在有限的成本下，IMACO 算法求得的解的质量较 ACO 算法求得的解的质量要好。

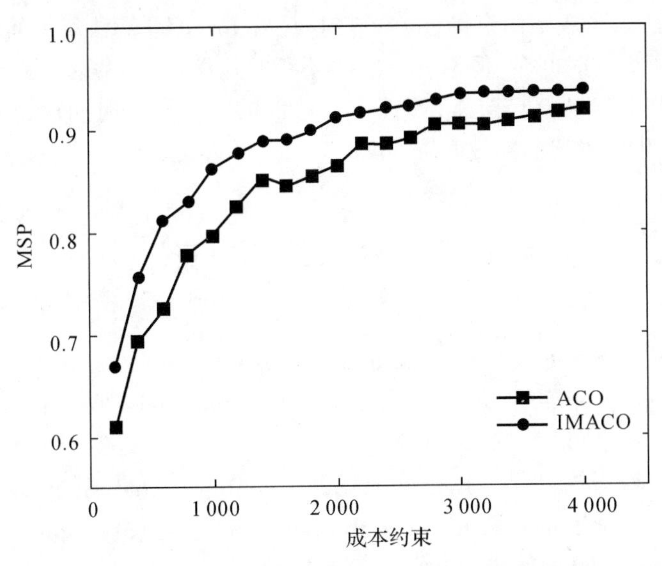

图 6.7　IMACO 算法与 ACO 算法求得 MSP 随成本约束的变化

接下来通过比较 IMACO 算法和 ACO 算法求得局部最优解所用的时间来比较两种算法的性能。两种算法所用时间如图 6.8 所示。

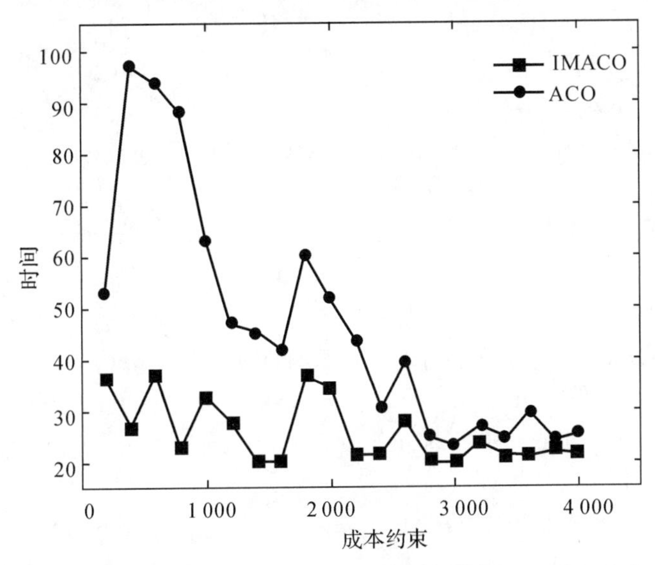

图 6.8　IMACO 算法与 ACO 算法所用时间随成本约束的变化

从图 6.8 中可以看出，IMACO 算法求解的时间要少于 ACO 算法求解的时间，这说明 IMACO 算法在求解多阶段系统任务成功性优化问题时的性能要优于 ACO 算法。当成本约束接近 4 000 时，尽管 IMACO 算法所用的时间仍然比 ACO 算法所用的时间少，但两者之间的差距明显缩小了很多。因此，当优化成本有限时，相对于 ACO 算法，IMACO 算法能够在较短的时间内得到能使任务成功性最大化的更优的部件配置方案。

6.5 参考文献

[1] PENMETSA R C. Determining probability of mission success when using deep penetration weapons[J]. International Journal of Mechanical Sciences, 2005, 47(9):1442 - 1454.

[2] LU J M, WU X Y, LIU Y, et al. Reliability analysis of large phased-mission systems with repairable components based on success-state sampling[J]. Reliability Engineering & System Safety, 2015, 142: 123 -133.

[3] PENG R, ZHAI Q, XING L, et al. Reliability analysis and optimal structure of series-parallel phased-mission systems subject to fault-level coverage[J]. IIE Transactions, 2016, 48(8):736 - 746.

[4] SI X S, HU C H, ZHANG Q, et al. An integrated reliability estimation approach with stochastic filtering and degradation modeling for phased-mission systems[J]. IEEE Transactions on Cybernetics, 2015, 47(1): 67 -80.

[5] XIAO J, LI L P. A hybrid ant colony optimization for continuous domains[J]. Expert Systems with Applications, 2011, 38(9): 11072 -11077.

[6] FETANAT A, KHORASANINEJAD E. Size optimization for hybrid photovoltaic-wind energy system using ant colony optimization for continuous domains based integer programming[J]. Applied Soft Computing, 2015, 31:196 - 209.

[7] SOCHA K, DORIGO M. Ant colony optimization for continuous domains[J]. European Journal of Operational Research, 2008, 185(3): 1155 - 1173.

[8] SECKINER S U, EROLU Y, EMRULLAH M, et al. Ant colony optimization for continuous functions by using novel pheromone updating

[J]. Applied Mathematics and Computation,2013,219(9):4163 - 4175.

[9] SI S, LEVITIN G, DUI H, et al. Importance analysis for reconfigurable systems[J]. Reliability Engineering & System Safety,2014,126:72 - 80.

[10] GA J C R, SA C M R. Importance measures on networks[J]. Procedia-Social and Behavioral Sciences, 2010,2(6):7735 - 7736.